中国地震局工程力学研究所基本科研业务费专项，项目号 **2013A01**

# 另类结构力学（JGLX）进展

王前信　著

地震出版社

图书在版编目（CIP）数据

另类结构力学（JGLX）进展/王前信著 . —北京：地震出版社，2013.10
ISBN 978-7-5028-4256-7

Ⅰ.①另…  Ⅱ.①王…  Ⅲ.①结构力学－研究  Ⅳ.①O342

中国版本图书馆 CIP 数据核字（2013）第 082238 号

地震版  XM3042

**另类结构力学（JGLX）进展**

王前信  著

责任编辑：王  伟
责任校对：孔景宽

出版发行：地震出版社

北京民族学院南路 9 号  邮编：100081
发行部：68423031  68467993  传真：88421706
门市部：68467991  传真：68467991
总编室：68462709  68423029  传真：68455221
E-mail：68721991@ sina. com
http：//www. dzpxess. com. cn

经销：全国各地新华书店
印刷：九洲财鑫印刷有限公司

版（印）次：2013 年 10 月第一版  2013 年 10 月第一次印刷
开本：787×1092  1/16
字数：339 千字
印张：13. 25
印数：0001～2000
书号：ISBN 978-7-5028-4256-7/O（4944）
定价：60. 00 元

谨奉献这本"科研历程回顾"册子

祝　贺

中国地震局工程力学研究所

（原中国科学院土木建筑研究所）

建立六十周年大庆

# 前　　言

著者于大二暑假期间预习结构力学①，兴趣甚浓，十分投入，记忆犹新。大三、大四受教结构力学于俞忽老师，渐有心得积累。老师建议写成文章，推荐在科技期刊发表，著者深受激励。老师较早辞世，著者久久思念。

毕业后进入研究所工作，起初参与基本建设中的结构设计，结构力学知识致用了。接着研究所试招研究生，考试中著者发挥不失水准，于是成为钱令希老师与刘恢先老师的门生。专业方向是结构力学，符合著者的心愿。此后一直在研究所工作，主攻抗震，研究手段之一正是结构（动）力学。

研究所拼搏四十年，著者退休后仍念念不忘结构力学，几番笔耕成卷。又因受家人（祖辈和儿辈）的"熏染"，对历法（公历、农历）规则深感兴趣，近十余年以业余身份、借用从结构力学研究中体验的思考方法，参与"节构历学"②的点滴探究。

著者为之效力的研究所逐年积累成果，知名度不断提升，现在已在抗震（地震工程）学科领域蜚声世界，即将迎来建所六十周年的喜庆。

现任所长孙柏涛研究员热诚建议著者将自己历年积累的研究成果删繁补缺，加工润色，还添加近期的研究收获，汇集成册，恭祝所庆。著者身为六十年来

---

① 汉语拼音简写为 JGLX。
② 汉语拼音也可简写为 JGLX。

受惠多多的所友之一，能不欣然接受？

经过一年多的伏案辛劳，这部"科研历程回顾"完稿了，卷名是《另类结构力学（JGLX）进展》。

全卷内容都是表述各式各样的结构力学求解中的**另类**方法：有的另类方法可用以求解通常方法不能求解的问题（例如第二章第五节）；有的另类方法可以弥补通常方法的缺陷，或者改进现有方法的功效（例如第一章第五节）；有的另类方法提出新的观点，使人们受到启发，思路开阔（例如第一章第七、八节）；有的另类方法手段独特，引发人们对结构力学或节构历学的兴趣和爱好（例如第一章第四节、第三章第八节）。

这些方法都各自在不同程度上具有一点儿、一些，甚至较多新意，新意必然推动结构力学进展。

将本卷目录与一般结构力学专著的目录对比，可觉察出本卷探讨的内容确应划归为结构力学另类。当然，在这里另类并无贬义。

为了解说卷名中的两个用辞——**另类**和**进展**，前言多费笔墨了。

卷中的引文摘取、理论阐述、公式推演、示例计算工作繁多，恐难免出现疏漏、甚至谬误。热诚欢迎读者们，特别是曾经朝夕相处、并肩"战斗"的所友们不吝指正。

# 目　　录

## 第三章 "节构历学 (JGLX)"

# 第一章　杆系结构力学

## 第一节　古朴的三力矩方程精练构想再现

连续梁（桁架）是最早被工程采用和研究的最简单的超静定结构，特有的求解工具是古朴的三力矩方程。它构想精练，联立方程中每个方程仅包含三个相邻支座处的未知力矩。

若将连续的支座更换为图 1.1.1 所示的斜方形支座，它就成为静定连续梁（桁架）。这里专门导出三反力方程供求解之用，联立方程中每个方程仅包含三个相邻支座的未知反力，于是三力矩方程的精练构想再现。

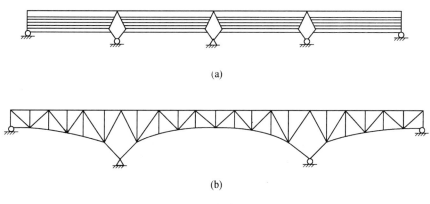

(a)

(b)

图 1.1.1　静定连续梁

图 1.1.2（a）所示的桁架中每个斜方形都关于其顶铰和底铰的连线对称，此竖直连线与荷载的作用方向平行。当求解反力时，若以图 1.1.2（b）所示结构替代，荷载作用效果不变。

为了推演方便，将桁架上每跨的荷载都分解成两个平行的分荷载，作用在每跨的两端（在中间者为斜方形的顶铰，在旁边者为桁架端点）。这样处理，对反力的效果没有改变。

至此，我们便可取出中间部分任意相邻的两跨作为计算模型，如图 1.1.2（c）所示。图中，$X_l$、$P$ 和 $X_r$ 分别表示左端、中间铰和右端处桥面荷载的合力；$R_l$、$R_m$ 和 $R_r$ 分别表示左侧、中间和右侧支座的反力；$l_l$ 和 $l_r$ 分别为左侧和右侧跨长；几何尺寸 $a_l$、$a_m$ 和 $a_r$ 都示如图中。

左部和右部各力分别对中间铰取力矩，可得

$$X_l l_l - \frac{R_l}{2}(l_l - a_l) - \frac{R_m}{2}a_m = 0 \qquad (1.1.1)$$

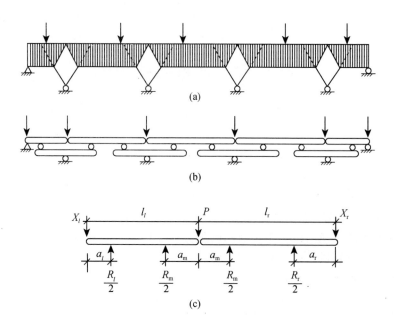

图 1.1.2 计算模型

和

$$X_r l_r - \frac{R_r}{2}(l_r - a_r) - \frac{R_m}{2}a_m = 0 \tag{1.1.2}$$

又根据竖向各力的平衡条件，写出

$$\frac{R_l}{2} + R_m + \frac{R_r}{2} - X_l - P - X_r = 0 \tag{1.1.3}$$

自此三式中消去 $X_l$ 和 $X_r$，便可得到包含三反力 $R_l$、$R_m$ 和 $R_r$ 的方程。消去运算过程简述如下：

自式（1.1.1）和式（1.1.2）解出 $X_l$ 和 $X_r$，然后代入式（1.1.3）并做整理，即可完成。

此三反力方程形式如下：

$$a_l l_r R_l + (2l_l R_r - a_m l_l - a_m l_r)R_m + a_r l_l R_r = 2l_l l_r P \tag{1.1.4}$$

若左、右两跨相等，$l_l = l = l_r$，式（1.1.4）简化为

$$a_l R_l + 2(l - a_m)R_m + a_r R_r = 2lP \tag{1.1.5}$$

若左跨或右跨为端跨，$a_l = 0$ 或 $a_r = 0$，则有

$$(2l_ll_r - a_ml_l - a_ml_r)R_m + a_rl_lR_r = 2l_ll_rP \qquad (1.1.6)$$

和

$$a_ll_rR_l + (2l_ll_r - a_ml_l - a_ml_r)R_m = 2l_ll_rP \qquad (1.1.7)$$

式（1.1.6）和式（1.1.7）中只含两个反力，更加简单。

现在举出几个算例。

**例1.1.1** 静定连续梁如图1.1.3所示，求图示荷载作用下中间支座反力。

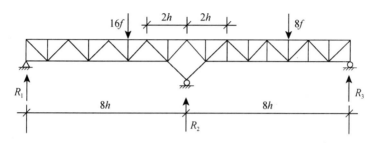

图 1.1.3　二跨模型

**［解］** $l_l = l_r = 8h, a_l = a_r = 0, a_m = 2h, P = \dfrac{5}{8} \times 16f + \dfrac{3}{8} \times 8f = 13f$

将以上数据代入三反力方程，可以写出

$$(2 \times 8 \times 8 - 2 \times 8 - 2 \times 8)R_2 = 2 \times 8 \times 8 \times 13f$$

解之即得

$$R_2 = \frac{52}{3}f$$

**例1.1.2** 三跨桁架及作用荷载示如图1.1.4，求支座反力 $R_2$ 和 $R_3$。

**［解］** 根据式（1.1.6）和式（1.1.7），对于左侧二跨和右侧二跨，可以分别写出

$$(2 \times 6 \times 6 - 2 \times 6 - 2 \times 6)R_2 + 2 \times 6R_3 = 2 \times 6 \times 6 \times \frac{6}{3}f$$

$$2 \times 6R_2 + (2 \times 6 \times 6 - 2 \times 6 - 2 \times 6)R_3 = 0$$

联立解此二式，便得

$$R_2 = \frac{16}{5}f \qquad R_3 = -\frac{4}{5}f$$

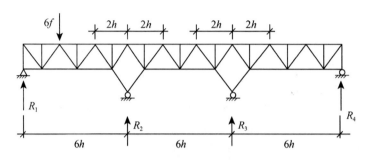

图 1.1.4  三跨模型

**例 1.1.3**  跨度不等的桁架及作用荷载如图 1.1.5 所示，求所有 5 个支座反力。

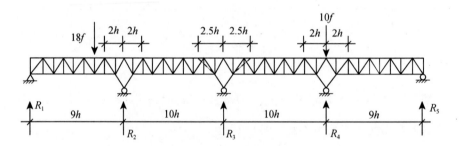

图 1.1.5  四跨模型

[**解**]  根据式（1.1.6）（左端为端跨），写出

$$(2 \times 9 \times 10 - 2 \times 9 - 2 \times 10)R_2 + 2.5 \times 9R_3 = 2 \times 9 \times 10 \times \frac{6}{9} \times 18f$$

根据式（1.1.5），写出三反力方程（左、右跨相等）

$$2R_2 + 2(10 - 2.5)R_3 + 2R_4 = 0$$

根据式（1.1.7）（右端为端跨），写出

$$2.5 \times 9R_3 + (2 \times 10 \times 9 - 2 \times 10 - 2 \times 9)R_4 = 2 \times 10 \times 9 \times 10f$$

整理可得

$$142R_2 + 22.5R_3 = 2160f$$
$$2R_2 + 15R_3 + 2R_4 = 0$$
$$22.5R_3 + 142R_4 = 1800f$$

联立求解的结果如下：

$$R_2 = \frac{38205f}{2414} = 15.826f$$

$$R_3 = -\frac{66f}{17} = -3.882f$$

$$R_4 = \frac{32085f}{2414} = 13.291f$$

对右端取力矩，解得

$$R_1 = \frac{10239f}{2414} = 4.242f$$

根据竖向力的平衡条件，可得

$$R_5 = -\frac{3565f}{2414} = -1.477f$$

最后，对左端取力矩，

$$18f \times 6h - R_2 \times 9h - R_3 \times 19h + 10f \times 29h - R_4 \times 29h - R_5 \times 38h = 0$$

这样便完成了校核。

## 第二节　便捷的力矩分配法数解技巧改造、移植

求解连续梁的支点力矩，除三力矩方程外，还有另一种十分有效的方法，这就是 Hardy Cross 大师创立的力矩分配法。此法一直为从事结构设计的工程师们喜爱，即使在电脑计算十分发达的今天，便捷的力矩分配法依然明显展现出它的工程适用性。

对于静定连续梁，这里推演出一种对支座反力逐步做校正的求解方法——反力逐次校正法。反力逐次校正法改造、移植力矩分配法的便捷数解技巧。

对图 1.2.1（a）所示的等跨桁架，当求解反力时可用图 1.2.1（b）所示结构替代。

当有一荷载置于中间铰时，可列出如下方程：

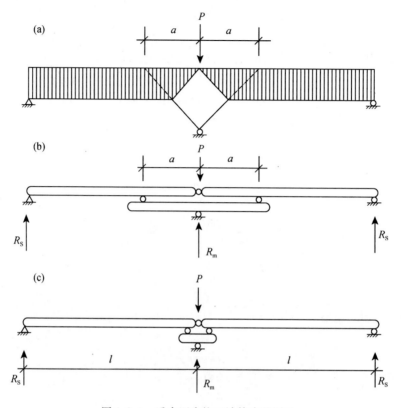

图 1.2.1　反力逐次校正计算步骤图示

$$R_s l + \frac{R_m}{2} a = 0 \qquad\qquad (1.2.1)$$

$$2R_s + R_m = P \qquad\qquad (1.2.2)$$

式中，$R_s$ 为旁边支座反力。

联立求解式（1.2.1）和式（1.2.2）得到

$$R_m = \frac{lP}{l - a} \qquad\qquad (1.2.3)$$

$$R_s = -\frac{aP}{2(l - a)} \qquad\qquad (1.2.4)$$

如果 $a = 0$ ［图 1.2.1（c）］，则有

$$R_m = P \qquad\qquad (1.2.5)$$

$$R_{s} = 0 \qquad\qquad (1.2.6)$$

由此结果，我们便可以做这样的设想：当荷载和结构情况如图 1.2.1（c）所示时，荷载由中间反力 $R_{m}$ 承担；若在中间支座处增设一垫梁，如图 1.2.1（b）所示，则 $R_{s}$ 由 0 减至 $-\dfrac{aP}{2(l-a)}$ ，故 $R_{m}$ 的增加值必为 $\dfrac{2aP}{2(l-a)} = \dfrac{aP}{l-a}$ 。

由此假想，可归结出一组求解此类结构反力的逐次校正的系列步骤，现用图 1.2.2 所示简单的二跨模型数例做说明。

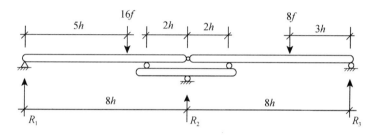

图 1.2.2　二跨模型

（1）根据以上叙述，中间反力 $R_{2}$ 的校正系数为

$$\frac{a}{l-a} = \frac{2h}{8h-2h} = \frac{1}{3} \qquad （增加）$$

边反力的校正系数为中间反力校正系数一半的负值，为 $-\dfrac{1}{6}$（减少）。

（2）结构模型为二简支梁时的支座反力称为简支反力。

（3）根据简支反力 $R_{2}$ 对 $R_{1}$ 、$R_{2}$ 和 $R_{3}$ 做校正，算得校正反力。

（4）简支反力与校正反力的总和就是最终结果。

表 1.2.1 中结果与上节例 1.1.1 的三反力方程计算结果符合。

表 1.2.1　反力逐次校正计算（二跨模型）

| 反力 | $R_{1}$ | $R_{2}$ | $R_{3}$ |
|---|---|---|---|
| 校正系数 | | $-\dfrac{1}{6}$ , $\dfrac{1}{3}$ , $-\dfrac{1}{6}$ | |
| 简支反力 | 6 | $10 + 3 = 13$ | 5 |
| 校正反力 | $-\dfrac{13}{6}$ | $13 \times \dfrac{1}{3} = \dfrac{13}{3}$ | $-\dfrac{13}{6}$ |
| 结果（$f$） | $\dfrac{23}{6}$ | $\dfrac{52}{3}$ | $\dfrac{17}{6}$ |

对于上节中图 1.1.4 所示的三跨模型，反力的校正可多次交错进行，计算过程见表 1.2.2。最终结果用无穷降等比级数求和公式完成计算，例如：

$$R_1 = \left[ 4 + \left( -\frac{1}{2} \right) \left( \frac{1}{1 - \frac{1}{16}} \right) \right] f = \frac{52}{15} f$$

$$R_2 = (2 + 1) \left( \frac{1}{1 - \frac{1}{16}} \right) f = \frac{16}{5} f$$

······

表 1.2.2 中的计算结果与上节中例 1.1.2 的联立求解结果一致。

表 1.2.2　反力逐次校正计算（三跨模型）

| 反　力 | $R_1$ | $R_2$ | $R_3$ | $R_4$ |
|---|---|---|---|---|
| 校正系数 | | $-\frac{1}{4}$，$\frac{1}{2}$，$-\frac{1}{4}$ | $-\frac{1}{4}$，$\frac{1}{2}$，$-\frac{1}{4}$ | |
| 简支反力 | 4 | 2 | | |
| $R_2$ 第一次校正 | $-\frac{1}{2}$ | 1 | $-\frac{1}{2}$ | |
| $R_3$ 第一次校正 | | $\frac{1}{8}$ | $-\frac{1}{4}$ | $\frac{1}{8}$ |
| $R_2$ 第二次校正 | $-\frac{1}{32}$ | $\frac{1}{16}$ | $-\frac{1}{32}$ | |
| $R_3$ 第二次校正 | | $\frac{1}{128}$ | $-\frac{1}{64}$ | $\frac{1}{128}$ |
| $R_2$ 第三次校正 | $-\frac{1}{512}$ | $\frac{1}{256}$ | $-\frac{1}{512}$ | |
| $R_3$ 第三次校正 | | $\frac{1}{2048}$ | $-\frac{1}{1024}$ | $\frac{1}{2048}$ |
| … | … | … | … | … |
| 结果（$f$） | $\frac{52}{15}$ | $\frac{16}{5}$ | $-\frac{4}{5}$ | $\frac{2}{15}$ |

当左跨与右跨不相等时，参照图 1.2.3，写出方程组：

$$R_l l_l + \frac{R_m}{2} a = 0 \qquad\qquad (1.2.7)$$

$$R_r l_r + \frac{R_m}{2} a = 0 \qquad\qquad (1.2.8)$$

$$R_l + R_m + R_r = P \qquad\qquad (1.2.9)$$

联立解此三式，可得

$$R_l = \frac{-a l_r P}{2 l_l l_r - a l_l - a l_r} \qquad\qquad (1.2.10)$$

$$R_r = \frac{-a l_l P}{2 l_l l_r - a l_r - a l_l} \qquad\qquad (1.2.11)$$

故左端反力和右端反力的校正系数分别为 $\dfrac{-a l_r}{2 l_l l_r - a l_l - a l_r}$ 和 $\dfrac{-a l_l}{2 l_l l_r - a l_r - a l_l}$；中间反力的校正系数应为此二系数之和的负值，即为 $\dfrac{a l_l + a l_r}{2 l_l l_r - a l_l - a l_r}$。

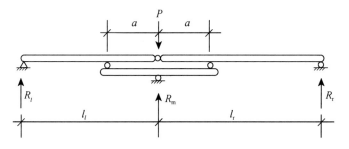

图 1.2.3　不等跨计算模型

现对上节中图 1.1.5 所示的不等跨模型做反力逐次校正计算，过程详见表 1.2.3、表 1.2.4 或表 1.2.5。三个表中的校正计算顺序不一样，但最终的结果一致。表 1.2.5 计算过程最简练，是可取的。

表中数据对上节三反力公式的计算结果做了校核。

表 1.2.3　反力逐次校正计算（不等跨情形）之一

| 反力 | $R_1$ | $R_2$ | $R_3$ | $R_4$ | $R_5$ |
|---|---|---|---|---|---|
| 校正系数 | | $-\dfrac{10}{71},\dfrac{19}{71},-\dfrac{9}{71}$ | $-\dfrac{1}{6},\dfrac{1}{3},-\dfrac{1}{6}$ | $-\dfrac{9}{71},\dfrac{19}{71},-\dfrac{10}{71}$ | |
| 简支反力 | 6.00 | 12.00 | | 10.00 | |
| $R_2$ 第一次校正 | -1.69 | 3.21 | -1.52 | | |
| $R_3$ 第一次校正 | | 0.25 | -0.51 | 0.25 | |
| $R_4$ 第一次校正 | | | -1.30 | 2.74 | -1.44 |
| $R_2$ 第二次校正 | -0.04 | 0.07 | -0.03 | | |
| $R_3$ 第二次校正 | | 0.22 | -0.44 | 0.22 | |
| $R_4$ 第二次校正 | | | -0.03 | 0.06 | -0.03 |
| $R_2$ 第三次校正 | -0.03 | 0.06 | -0.03 | | |
| $R_3$ 第三次校正 | | 0.01 | -0.02 | 0.01 | |
| 结果（$f$） | 4.24 | 15.82 | -3.88 | 13.28 | -1.47 |

表 1.2.4　反力逐次校正计算（不等跨情形）之二

| 反力 | $R_1$ | $R_2$ | $R_3$ | $R_4$ | $R_5$ |
|---|---|---|---|---|---|
| 校正系数 | | $-\dfrac{10}{71},\dfrac{19}{71},-\dfrac{9}{71}$ | $-\dfrac{1}{6},\dfrac{1}{3},-\dfrac{1}{6}$ | $-\dfrac{9}{71},\dfrac{19}{71},-\dfrac{10}{71}$ | |
| 简支反力 | 6.000 | 12.000 | | 10.000 | |
| $R_4$ 第一次校正 | | | -1.268 | 2.676 | -1.408 |
| $R_2$ 第一次校正 | -1.690 | 3.211 | -1.521 | | |
| $R_3$ 第一次校正 | | 0.465 | -0.930 | 0.465 | |
| $R_4$ 第二次校正 | | | -0.059 | 0.124 | -0.065 |
| $R_2$ 第二次校正 | -0.065 | 0.124 | -0.059 | | |
| $R_3$ 第二次校正 | | 0.020 | -0.039 | 0.020 | |
| $R_4$ 第三次校正 | | | -0.003 | 0.005 | -0.003 |
| $R_2$ 第三次校正 | -0.003 | 0.005 | -0.003 | | |
| $R_3$ 第三次校正 | | 0.001 | -0.002 | 0.001 | |
| 结果（$f$） | 4.242 | 15.826 | -3.884 | 13.291 | -1.476 |

**表 1.2.5　反力逐次校正计算（不等跨情形）之三**

| 反力 | $R_1$ | $R_2$ | $R_3$ | $R_4$ | $R_5$ |
|---|---|---|---|---|---|
| 校正系数 | | $-\dfrac{10}{71},\ \dfrac{19}{71},\ -\dfrac{9}{71}$ | $-\dfrac{1}{6},\ \dfrac{1}{3},\ -\dfrac{1}{6}$ | $-\dfrac{9}{71},\ \dfrac{19}{71},\ -\dfrac{10}{71}$ | |
| 简支反力 | 6.00 | 12.00 | | 10.00 | |
| $R_2$，$R_4$ 第一次校正 | -1.69 | 3.21 | -1.52-1.27=-2.79 | 2.68 | -1.41 |
| $R_3$ 第一次校正 | | 0.47 | -0.93 | 0.47 | |
| $R_2$，$R_4$ 第二次校正 | -0.07 | 0.13 | -0.06-0.06=-0.12 | 0.13 | -0.07 |
| $R_3$ 第二次校正 | | 0.02 | -0.04 | 0.02 | |
| 结果（$f$） | 4.24 | 15.83 | -3.88 | 13.30 | -1.48 |

# 第三节　桁架内力拼接图变革绘制

（1）桁架内力分析可选用力多边形图解方法，每个多边形（或三角形）的绘制十分简易，逐个分别操作便给出全部杆件内力的最终求解结果。不过，多个多边形（或三角形）构成各式各样的拼接图，人们的感觉就不一样了。有的拼接累赘，而有的拼接则简练清新；有的拼接松散，而有的拼接则紧凑醒目；有的拼接杂乱，而有的拼接则条理分明；有的拼接不便解说结构力学状态，而有的拼接则易于解说结构力学状态；总之，有的拼接表现力较贫乏，而有的拼接表现力则较丰富，显现乐趣。

图 1.3.1 至图 1.3.10 中列举了多个力多边形拼接图。这些拼接或许还未臻简明完美，但却都遵循确定的绘制规则：

①桁架上的一个结点对应于拼接图中的一个多边形或三角形。

②桁架上的一部分杆件，其内力对应于拼接图边缘上两个互相平行的同名矢量，矢头（半刃）方向相反；另一部分杆件，其内力对应于拼接图内部中两个互相重合的矢量，矢头（半刃）方向正对。杆的两端结点标明在矢量的两侧。内力为拉力的矢量用实线绘制，内力为压力的矢量用虚线绘制。

③荷载和各个反力矢量（全刃）用粗线绘制，都仅一次出现在拼接图的边缘上。

④杆件内力为 0 时，相应的矢量只是一个点，不能明显绘出。

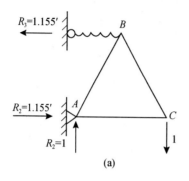
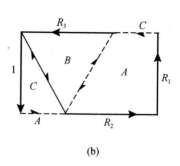

图 1.3.1 *ABC* 桁架内力图解（杆长都相等）

（a）受载情况；（b）力多边形拼接图

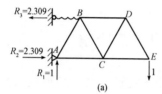
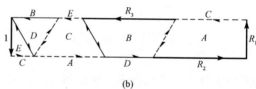

图 1.3.2 *ABCDE* 桁架内力图解（杆长都相等）

（a）受载情况；（b）力多边形拼接图

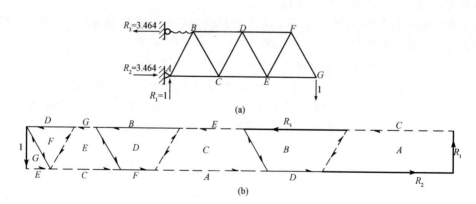

图 1.3.3 *ABCDEFG* 桁架内力图解（杆长都相等）

（a）受载情况；（b）力多边形拼接图

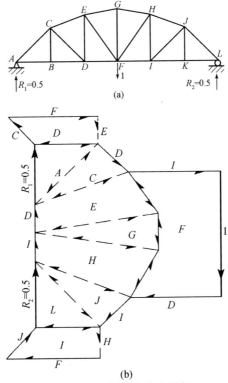

图 1.3.4 桥梁桁架内力图解

（a）受载情况；（b）力多边形拼接图（BC 和 KJ 为零杆）

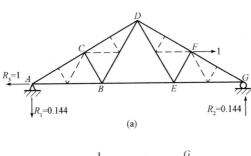

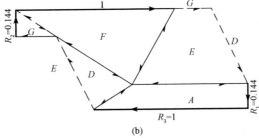

图 1.3.5 建筑桁架内力图解

（a）受载情况；（b）力多边形拼接图（BC 和 BD 为零杆，

另一些虚线表出的杆件也为零杆）

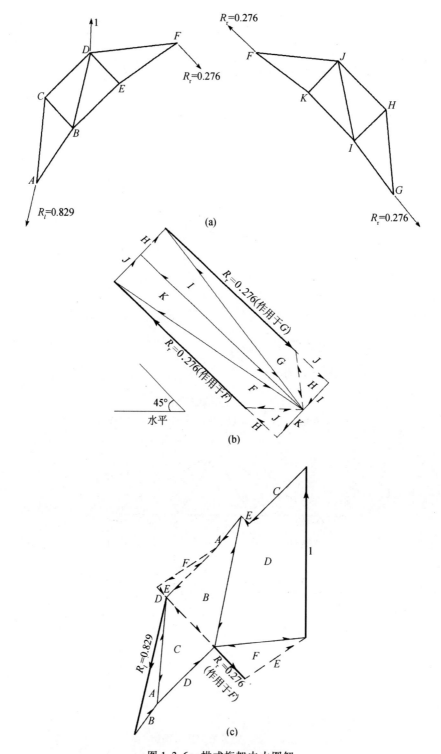

图 1.3.6 拱式桁架内力图解

(a) 受载情况；(b) 右半拱力多边形拼接图（*IJ* 为零杆）；(c) 左半拱力多边形拼接图

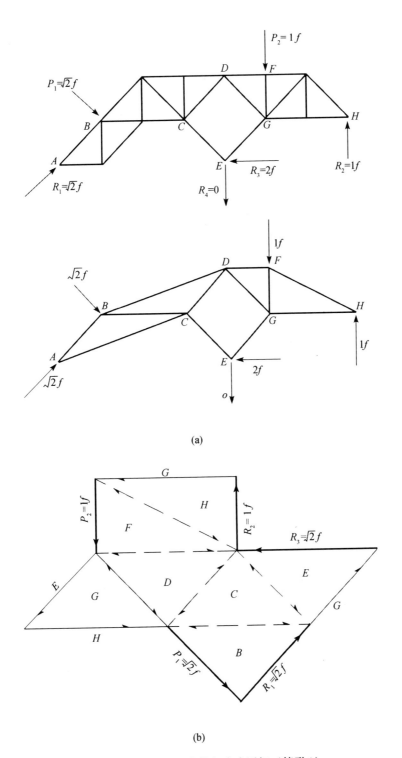

(a)

(b)

图 1.3.7 复杂支座的桁架内力图解（情形 1）

（a）受载情况；（b）力多边形拼接图（*AC*、*BD* 和 *FG* 为零杆）

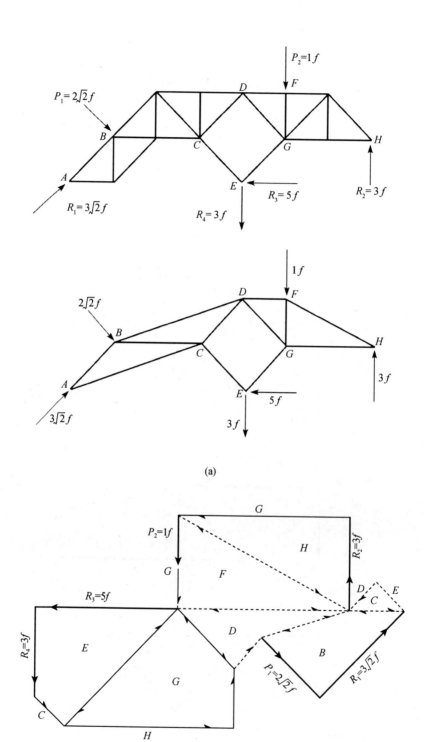

(a)

(b)

图 1.3.8　复杂支座桁架内力图解（情形 2）

（a）受载情况；（b）力多边形拼接图（AC 为零杆）

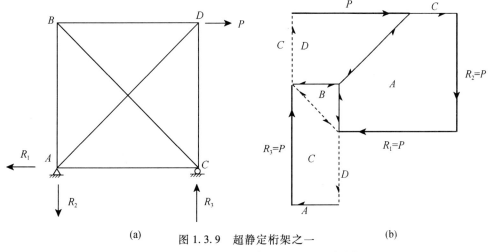

(a) 　　　图 1.3.9　超静定桁架之一　　　(b)

（a）桁架简图（各杆的拉伸刚度都是 $AE$）；（b）内力拼接图

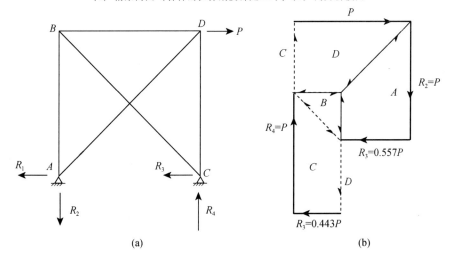

(a)

图 1.3.10　超静定桁架之二

（a）桁架简图（各杆的拉伸刚度都是 $AE$）；（b）内力拼接图

（2）现将根据图 1.3.1 至图 1.3.6，择要简略解说几种不同形式桁架杆件的结构力学状态。

图 1.3.1（b）至图 1.3.3（b）显示，力多边形拼接图为长条形。设下弦节间数为 $n$，则正置、倒置相间延伸排列的梯形数为 $2n-1$。桁架伸臂越长，弦杆内力（拼接图上、下边缘上的矢量）越大，但腹杆内力（拼接图内部矢量）保持不变。

图 1.3.4（b）显示，上弦杆内力最大，矢量都在拼接图内部呈"放射"状分布；下弦杆内力次大；斜杆内力再次之，矢量呈"弧线"形分布；竖杆内力最小。此图内容最丰富，值得品味。

图 1.3.5（b）显示，因荷载为水平作用，水平置放的下弦杆左段内力（拼接图内部显著的矢量）最大；右下角两根杆件位置"隐蔽"，内力最小。

图 1.3.6（b）显示，右半拱中 *FKIG* 杆链轴线几乎与两端的反力作用线重合，故 *FK*、

*IK*、*GI* 三杆内力（拼接图内部三个显著的矢量）大，其余各杆内力小，*IJ* 为零杆（拼接图中不出现）。

图 1.3.6（c）显示，左半拱中，*BD* 杆和 *AC* 杆的轴线分别与荷载和反力 $R_l$ 的作用线以甚小角度相交，故此二杆内力（拼接图内部两个显著的矢量）大。

以上讨论的图 1.3.1 至图 1.3.6 中的桁架支座布置简单，以下讨论具有复杂支座布置的桁架。

图 1.3.7 和图 1.3.8 中的桁架两侧同时受载，图解法难以求得反力。可行的解法是分别对一侧（左侧或右侧）受载情形求解，然后将结果叠加。

左、右侧同时受载时的反力示于图 1.3.7（a）和图 1.3.8（a）中。

保持反力不变，取简化桁架替代原桁架可绘得杆件内力多边形图并做拼接，示于图 1.3.7（b）和图 1.3.8（b）中。

（3）第十节将仿弹性力学思路求解超静定桁架。为与静定桁架相比较，杆件的内力计算结果也可展现为拼接图，见图 1.3.9（b）和图 1.3.10（b）。

计算全过程详见第十节。

# 第四节　另一种结构力学互等性的采掘和利用

### 1. 利用变位互等性简便确定梁的变位影响线

结构力学中的互等定理含义深广，这里不做一般性的阐述。

对于工程中常见的结构，无论是梁、是拱，还是其他，变位互等定理可做简单表述："此点此方向作用一集中力在彼点彼方向产生的变位必定等于彼点彼方向作用一同样大小的集中力在此点此方向产生的变位。"

如果作用力方向和变位方向皆为竖直，例如图 1.4.1 中承受集中力作用的简支梁情形，图 1.4.1（a）中 *B* 点的变位 $u_{BA}$ 与图 1.4.1（b）中 *A* 点的变位 $u_{AB}$ 必定相等。

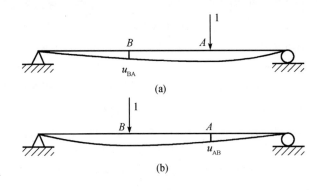

图 1.4.1　集中力作用下的简支梁

再如图 1.4.2 中的连续梁，具有一般性的边界条件。图 1.4.2（a）中 *B* 点的变位 $u_{BA}$ 与图 1.4.2（b）中 *A* 点的变位 $u_{AB}$ 也必定相等。

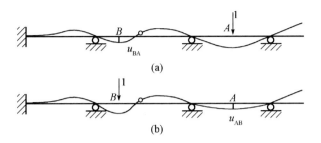

图 1.4.2 集中力作用下的连续梁示意

现取梁（简支梁或连续梁）的轴线为坐标轴线，集中力作用点的坐标为 $x$，梁上变位产生点的坐标为 $\zeta$，参见图 1.4.3。

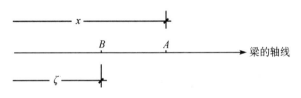

图 1.4.3 梁的坐标轴线

坐标为 $\zeta$ 之点的变位影响线的一般性示意表达式应为

$$IL = u(\zeta, x) \qquad (1.4.1)$$

这时，单位集中力作用于坐标为 $x$ 处。当 $\zeta$ 给定时，为了勾绘出影响线，应取 $x$ 为梁上各个不同位置的值，每取一值就做一趟结构力学解算，求得相应的变位 $u(\zeta, x)$，然后将一系列结果连续勾绘方得影响线。这显然是十分繁重的工作。

利用变位互等定理：

$$u(\zeta, x) = u(x, \zeta) \qquad (1.4.2)$$

于是便有

$$IL = u(x, \zeta) \qquad (1.4.3)$$

这里，$u(x, \zeta)$ 即是单位集中力作用于坐标为 $\zeta$ 之处时梁的变位曲线，仅做一趟结构力学计算后便可绘出。这样一来，确定变位影响线的计算工作就大为简化了。

在可移动的竖向荷载作用下，为了确定梁的某部位的最大竖向变位，或者为了确定最不利的荷载布置，影响线的确定是必要的中间计算环节。

**2. 利用简支梁"弯矩互等性"简便确定简支桁架内力影响线**

以上讨论表明，利用变位互等定理，梁上某点的变位影响线可用该点作用一集中力时梁的变位曲线替代。

与此同理，若某种类型的梁具有"弯矩互等性"——"此点作用一集中力在彼点产生的弯矩等于彼点作用一同样大小的集中力时在此点产生的弯矩"，则梁上某点的弯矩影响线可用该点作用一集中力时梁的弯矩图替代。

什么类型的梁具有"弯矩互等性"呢？这里举出两种，一种是即将讨论的简支梁，另一种将随后讨论。

基于静力学对桥梁桁架做分析，可求得杆件内力表为车行道上几个邻近的结点弯矩的线性关系式。这表明，杆件内力的影响线可由车行道上几个结点的弯矩影响线组合而成。若将这些弯矩影响线用相应的弯矩图置换，则杆件内力影响线可由几个集中力作用于邻近的结点时梁的弯矩图组合而成。现将上述杆件内力表为结点弯矩的关系式的线性系数定义为影响荷载（竖向集中力），于是将其作用于梁上，绘制出的弯矩图便是寻求中的内力影响线。

现利用弯矩互等性求解图 1.4.4 中桥梁桁架斜杆 $CD$ 的内力 $S_{CD}$ 的影响线。

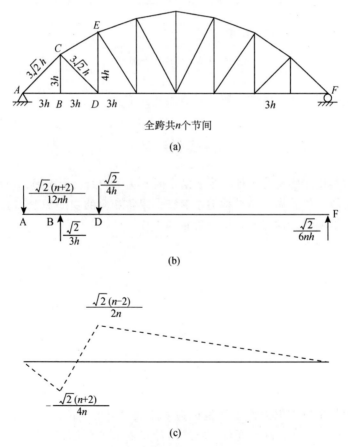

图 1.4.4　桥梁桁架斜杆 $CD$ 的内力影响线

根据静力学写出

$$Q_{BD} + Y_{CE} - Y_{CD} = 0 \qquad (1.4.4)$$

式中，$Q_{BD}$ 为节间 $BD$ 的剪力；$Y_{CE}$ 和 $Y_{CD}$ 分别为上弦杆 $CE$ 的内力 $S_{CE}$ 和斜杆 $CD$ 的内力 $S_{CD}$ 的竖向分量。

式（1.4.4）可改写为

$$Q_{BD} + \frac{X_{CE}}{3} - \frac{S_{CD}}{\sqrt{2}} = 0 \qquad (1.4.5)$$

式中，$X_{CE}$ 为 $CE$ 杆的内力 $S_{CE}$ 的水平分量。

将关系式

$$Q_{BD} = \frac{M_D - M_B}{3h} \qquad (1.4.6)$$

和

$$X_{CE} = -\frac{M_D}{4h} \qquad (1.4.7)$$

代入式（1.4.5），整理后可得

$$S_{CD} = \frac{\sqrt{2}}{h}\left(\frac{M_D}{4} - \frac{M_B}{3}\right) \qquad (1.4.8)$$

式（1.4.6）、式（1.4.7）和式（1.4.8）中，$M$ 为结点弯矩。

最后，将影响荷载 $-\frac{\sqrt{2}}{3h}$ 和 $\frac{\sqrt{2}}{4h}$ 分别作用于简支梁的 $B$ 和 $D$ 点，绘出的弯矩图即是内力 $S_{CD}$ 的影响线〔图 1.4.4（c）〕。

图 1.4.5（a）所示为一设计中的 K 形节间桁架，跨度为 $108h$，已用他法求得竖杆下段 $f'F$ 的内力 $S_{f'F}$ 的影响线如图 1.4.5（b）所示。现因工程上的原因变更设计，跨度改为 $126h$，但节间 $DE$、$EF$ 和 $FG$ 几何构成图形不变〔图 1.4.5（a）〕。能否利用跨度为 $108h$ 情形的影响线推算跨度为 $126h$ 情形的影响线？

推算是可能的，十分简便，过程如下：

第一步将图 1.4.5（b）中的影响线视为跨度 $108h$ 简支梁的弯矩图，逆算得到结点 $E$、$F$、$G$ 处的影响荷载〔图 1.4.5（c）〕。

第二步将逆算得到的结点影响荷载作用于跨度 $126h$ 简支梁的相应位置〔图 1.4.6（b）〕，绘出弯矩图〔图 1.4.6（c）〕，即是所求的影响线。

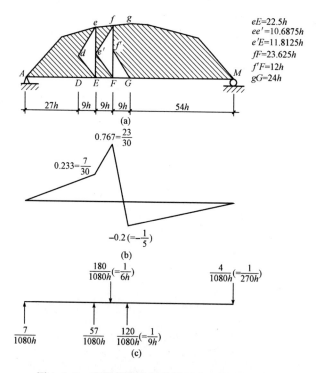

图 1.4.5 根据他法求得的影响线逆算影响荷载

（a）桁架轮廓；（b）$S_{f'F}$ 的影响线；（c）由影响线逆算的影响荷载

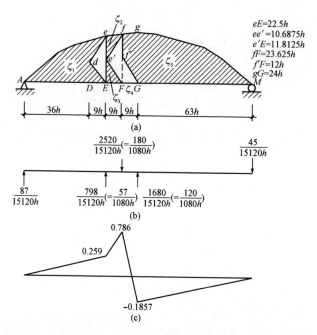

图 1.4.6 根据逆算所得的影响荷载确定跨度改变情形的影响线

（a）桁架轮廓；（b）借用的影响荷载和相应的反力；（c）影响荷载作用下的弯矩图即为影响线

### 3. 带垫梁支座的铰结连续梁的结构力学奇异特性

另一种具有"弯矩互等性"的梁式结构如图 1.4.7（a）和图 1.4.7（b）所示。这是一种独特的静定连续梁。现用同样大小的荷载分别作用于 A 和 B 点，用逐次校正法[*]求解支座反力（表 1.4.1 和表 1.4.2），进而绘出弯矩图如图 1.4.7（c）和图 1.4.7（d）所示。

可见：

$$M_{AB} = -0.274f \times 45h = -12.33fh \tag{1.4.9}$$

$$M_{BA} = 0.092f \times 108h - 0.825f \times 27h = -12.34fh \tag{1.4.10}$$

二者相等（误差小于 1/1000），这样就用数值计算检验了弯矩互等性。

此独特的静定连续梁还具有左、右固定点的特性。设左固定点距左侧近旁支座的距离为 $x$，右固定点距右侧近旁支座的距离为 $y$，从弯矩图［图 1.4.7（d）和 1.4.7（c）］可确定：

$$\left. \begin{array}{l} x_3 = 10.143h \\ y_3 = 10.143h \end{array} \right\} \tag{1.4.11}$$

$x$ 和 $y$ 的注标表示梁跨自左至右的序号。

当此静定连续梁的中间主跨复杂桁架如图 1.4.8（a）所示时，参照图 1.4.9（a），根据结构静力学导得竖杆 $eE$ 的内力为

$$S_{eE} = \frac{M_C}{18h} - \frac{M_D}{9h} + \frac{8M_E}{45h} - \frac{M_F}{9h} \tag{1.4.12}$$

式中，$M_C$、$M_D$、……为结点弯矩。

在主跨左、右固定点之间取一简支梁，将式（1.4.12）中各结点弯矩的系数作为影响荷载，作用于相应位置［图 1.4.9（b）］，绘出弯矩图［图 1.4.9（c）］，此图即是 $S_{eE}$ 影响线的主跨部分。利用固定点的特性，将主跨影响线向两侧延伸，这样便绘出影响线全图［图 1.4.8（b）］。

---

[*] 王前信，《结构力学非常解法》第二章第二节，地震出版社，2004。

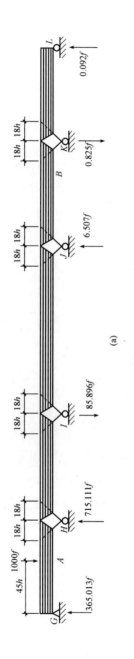

(a)

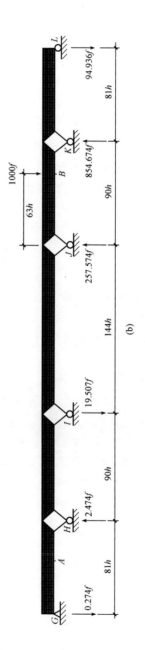

(b)

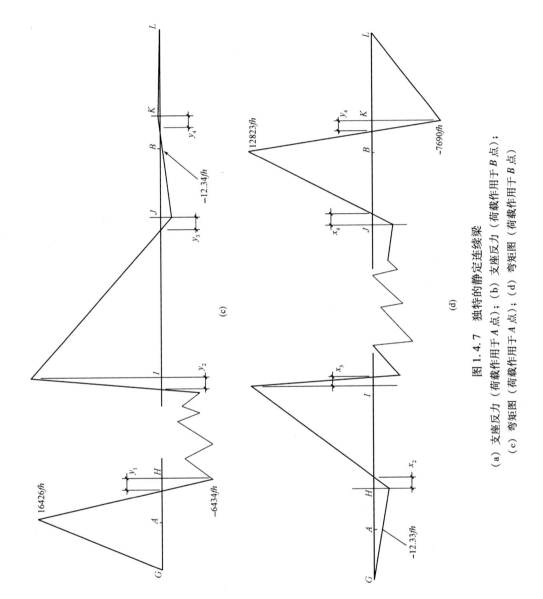

(c)

(d)

图 1.4.7 独特的静定连续梁

(a) 支座反力（荷载作用于 A 点）；(b) 支座反力（荷载作用于 B 点）；
(c) 弯矩图（荷载作用于 A 点）；(d) 弯矩图（荷载作用于 B 点）

— 25 —

**表 1.4.1 反力逐次校正计算（荷载作用于 A 点）**

| 反 力 | $R_G$ | $R_H$ | $R_I$ | $R_J$ | $R_K$ | $R_L$ |
|---|---|---|---|---|---|---|
| 校正系数 | | 0.2676 / −0.1408 / −0.1268 | 0.1940 / −0.1194 / −0.0746 | 0.1940 / −0.0746 / −0.1194 | 0.2676 / −0.1268 / −0.1408 | |
| 简支反力 | 444.4444 | 555.5556 | | | | |
| $R_H$ 一次校正 | −78.2222 | 148.6667 | −70.4445 | | | |
| $R_I$ 一次校正 | | 8.4111 | −13.6662 | 5.2552 | | |
| $R_J$ 一次校正 | | | −0.3920 | 1.0195 | −0.6275 | |
| $R_K$ 一次校正 | | | | 0.0796 | −0.1679 | 0.0883 |
| $R_H$ 二次校正 | −1.1843 | 2.2508 | −1.0665 | | | |
| $R_I$ 二次校正 | | 0.1741 | −0.2829 | 0.1088 | | |
| $R_J$ 二次校正 | | | −0.0141 | 0.0366 | −0.0225 | |
| $R_K$ 二次校正 | | | | 0.0029 | −0.0060 | 0.0031 |
| $R_H$ 三次校正 | −0.0245 | 0.0466 | −0.0221 | | | |
| $R_I$ 三次校正 | | 0.0043 | −0.0070 | 0.0027 | | |
| $R_J$ 三次校正 | | | −0.0004 | 0.0011 | −0.0007 | |
| $R_K$ 三次校正 | | | | 0.0001 | −0.0002 | 0.0001 |
| $R_H$ 四次校正 | −0.0006 | 0.0011 | −0.0005 | | | |
| $R_I$ 四次校正 | | 0.0001 | −0.0002 | 0.0001 | | |
| 结果（$f$） | 365.013 | 715.111 | −85.896 | 6.507 | −0.825 | 0.092 |

**表 1.4.2 反力逐次校正计算（荷载作用于 B 点）**

| 反 力 | $R_G$ | $R_H$ | $R_I$ | $R_J$ | $R_K$ | $R_L$ |
|---|---|---|---|---|---|---|
| 校正系数 | | 0.2676 / −0.1408 / −0.1268 | 0.1940 / −0.1194 / −0.0746 | 0.1940 / −0.0746 / −0.1194 | 0.2676 / −0.1268 / −0.1408 | |
| 简支反力 | | | | 300 | 700 | |
| $R_K$ 一次校正 | | | | −88.760 | 187.320 | −98.560 |
| $R_J$ 一次校正 | | | −15.759 | 40.981 | −25.222 | |
| $R_I$ 一次校正 | | 1.882 | −3.057 | 1.176 | | |
| $R_H$ 一次校正 | −0.265 | 0.504 | −0.239 | | | |
| $R_K$ 二次校正 | | | | 3.198 | −6.749 | 3.551 |
| $R_J$ 二次校正 | | | −0.324 | 0.849 | −0.522 | |
| $R_I$ 二次校正 | | 0.067 | −0.109 | 0.042 | | |
| $R_H$ 二次校正 | −0.009 | 0.018 | −0.008 | | | |
| $R_K$ 三次校正 | | | | 0.066 | −0.140 | 0.073 |
| $R_J$ 三次校正 | | | −0.008 | 0.021 | −0.013 | |
| $R_I$ 三次校正 | | 0.002 | −0.003 | 0.001 | | |
| $R_H$ 三次校正 | 0 | 0.001 | 0 | | | |
| 结果（$f$） | −0.274 | 2.474 | −19.507 | 257.574 | 854.674 | −94.936 |

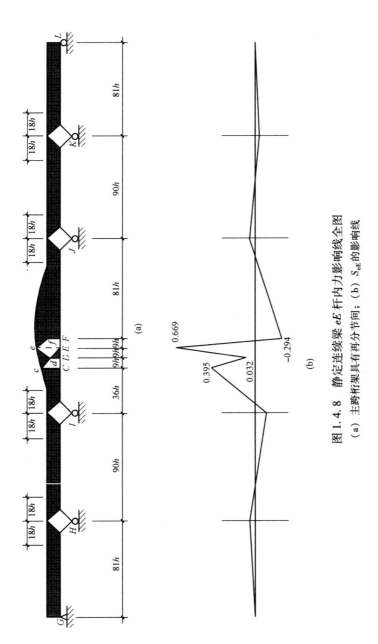

图 1.4.8　静定连续梁 eE 杆内力影响线全图

（a）主跨桁架具有再分节间；（b）$S_{eE}$ 的影响线

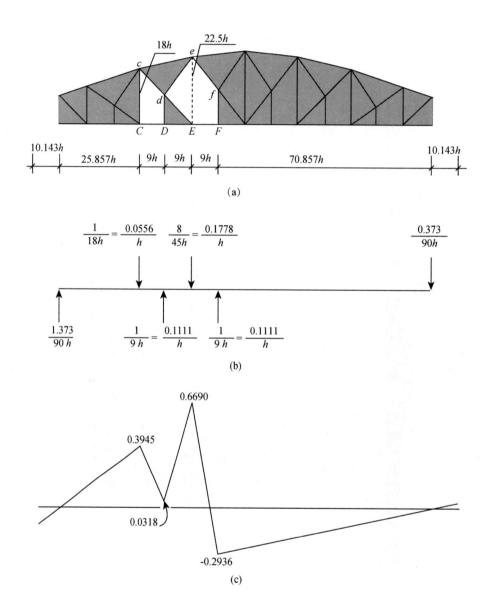

图 1.4.9 静定连续梁 *eE* 杆内力影响线主跨部分

（a）*CDEF* 节间；（b）影响荷载和简支反力；（c）影响荷载下的弯矩图

## 第五节　解析几何法替代虚功法连锁计算桁架结点变位

钱令希老师早年指出："桁架之变形，全由于其中诸杆长度之改变。故桁架变位之求法，根本为几何学之问题。"本章第五节和第六节根据这一重要启示做了研究。

### 1. 公式推演

建筑结构、桥梁结构以及某些他种结构常由为数很多的杆件作为主体所组成，相邻杆件的端部互相联结，形成杆链。结构受载时，或在温度变化、施工不精条件下，会产生小变形（或尺寸偏差），求解结构力学问题常须考虑杆链小变形几何关系。现就平面问题情形做系列推演。

图 1.5.1 中杆链 0—1—2—$(i-1)$—$i$—$(i+1)$—$(n-1)$—$n$ 为平面斜交杆系某一分支示意。结点 $i$ 的横坐标和纵坐标分别为 $x_i$ 和 $z_i$，水平向和竖向变位分别为 $u_i$ 和 $w_i$，正、负符号规则示于同一图中；$i$ 为序号，$n$ 为杆段数目。

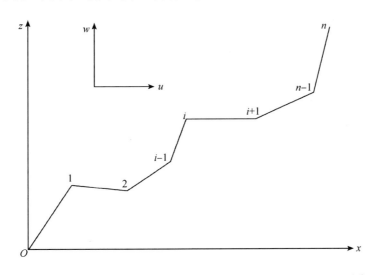

图 1.5.1　杆链 0—1—2—$(i-1)$—$i$—$(i+1)$—$(n-1)$—$n$ 示意

$(i-1)$—$i$ 杆段轴线的转动（角变位）为 $\zeta_{i-1,i}$，顺时针方向为正；轴向应变为 $\varepsilon_{i-1,i}$，收缩为正。在小变形假定下，对于杆段 $(i-1)$—$i$，有如下几何关系：

$$\left.\begin{array}{l} u_i = u_{i-1} + \zeta_{i-1,i}(z_i - z_{i-1}) - \varepsilon_{i-1,i}(x_i - x_{i-1}) \\ w_i = w_{i-1} - \zeta_{i-1,i}(x_i - x_{i-1}) - \varepsilon_{i-1,i}(z_i - z_{i-1}) \end{array}\right\} \tag{1.5.1}$$

自式（1.5.1）分别消去 $\varepsilon$ 和 $\zeta$，可得

$$\zeta_{i-1,i} = \frac{(z_i - z_{i-1})(u_i - u_{i-1}) - (x_i - x_{i-1})(w_i - w_{i-1})}{(x_i - x_{i-1})^2 + (z_i - z_{i-1})^2} \tag{1.5.2}$$

和

$$\varepsilon_{i-1,i} = -\frac{(x_i - x_{i-1})(u_i - u_{i-1}) + (z_i - z_{i-1})(w_i - w_{i-1})}{(x_i - x_{i-1})^2 + (z_i - z_{i-1})^2} \tag{1.5.3}$$

如不计及轴向变形影响，取 $\varepsilon = 0$，则式（1.5.1）简化为

$$\left.\begin{array}{l} u_i = u_{i-1} + \zeta_{i-1,i}(z_i - z_{i-1}) \\ w_i = w_{i-1} - \zeta_{i-1,i}(x_i - x_{i-1}) \end{array}\right\} \tag{1.5.4}$$

将式（1.5.4）应用于一系列杆件——杆链，即得

$$\left.\begin{array}{l} u_n = u_0 + \sum_{i=1}^{n} \zeta_{i-1,i}(z_i - z_{i-1}) \\ w_n = w_0 - \sum_{i=1}^{n} \zeta_{i-1,i}(x_i - x_{i-1}) \end{array}\right\} \tag{1.5.5}$$

为计算使用方便，将式（1.5.3）写成如下形式：

$$(x_i - x_{i-1})(u_i - u_{i-1}) + (z_i - z_{i-1})(w_i - w_{i-1}) = l_{i-1,i}^2(-\varepsilon_{i-1,i}) \tag{1.5.6}$$

进一步改写为

$$\Delta x_{i-1,i}(u_i - u_{i-1}) + \Delta z_{i-1,i}(w_i - w_{i-1}) = l_{i-1,i}e_{i-1,i} \tag{1.5.7}$$

式（1.5.6）和式（1.5.7）中，$l_{i-1,i}$ 为杆（$i-1$）—$i$ 的长度；$e_{i-1,i}$ 为杆（$i-1$）—$i$ 的伸长，

$$e_{i-1,i} = l_{i-1,i} \cdot (-\varepsilon_{i-1,i}) = -l_{i-1,i}\varepsilon_{i-1,i} \tag{1.5.8}$$

$\Delta x_{i-1,i}$ 和 $\Delta z_{i-1,i}$ 分别表示结点 $i$ 与结点 $i-1$ 的横坐标之差和纵坐标之差，应注意它们并不是小量。

利用式（1.5.7），根据实际问题中给定的杆件伸长 $e_{i-1,i}$，可以确定杆端变位 $u_{i-1}$、$w_{i-1}$、$u_i$ 和 $w_i$ 之间的关系。

对于图 1.5.2 中的一根杆件，当杆长 $l_{12}$、伸长 $e_{12}$ 和始端变位 $u_1$、$w_1$ 给定时，根据式（1.5.7），可以写出末端水平变位 $u_2$ 和竖向变位 $w_2$ 之间的关系式：

$$u_2 = \frac{-\Delta z_{12}w_2 + (\Delta x_{12}u_1 + \Delta z_{12}w_1 + l_{12}e_{12})}{\Delta x_{12}} \left.\vphantom{\frac{a}{b}}\right\} \tag{1.5.9}$$

$$w_2 = \frac{-\Delta x_{12}u_2 + (\Delta z_{12}w_1 + \Delta x_{12}u_1 + l_{12}e_{12})}{\Delta z_{12}}$$

或

$$u_2 = -\frac{\Delta z_{12}}{\Delta x_{12}}w_2 + \left(u_1 + \frac{\Delta z_{12}}{\Delta x_{12}}w_1 + \frac{l_{12}e_{12}}{\Delta x_{12}}\right) \left.\vphantom{\frac{a}{b}}\right\} \tag{1.5.10}$$

$$w_2 = -\frac{\Delta x_{12}}{\Delta z_{12}}u_2 + \left(w_1 + \frac{\Delta x_{12}}{\Delta z_{12}}u_1 + \frac{l_{12}e_{12}}{\Delta z_{12}}\right)$$

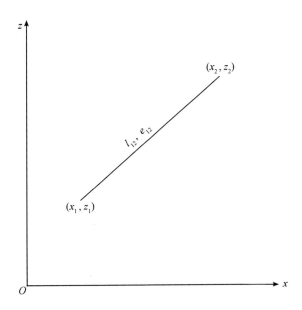

图 1.5.2　一根杆件情形的始端—末端变位关系

对于图 1.5.3 中末端相连的两根杆件,当杆长 $l_{13}$ 和 $l_{23}$,伸长 $e_{13}$ 和 $e_{23}$,始端变位 $u_1$、$w_1$、$u_2$、$w_2$ 给定时,根据式(1.5.7),可以写出联立方程:

$$\Delta x_{13}u_3 + \Delta z_{13}w_3 = \Delta x_{13}u_1 + \Delta z_{13}w_1 + l_{13}e_{13} \left.\vphantom{\frac{a}{b}}\right\} \tag{1.5.11}$$

$$\Delta x_{23}u_3 + \Delta z_{23}w_3 = \Delta x_{23}u_2 + \Delta z_{23}w_2 + l_{23}e_{23}$$

自式(1.5.11)解得末端变位:

$$u_3 = \frac{\Delta z_{23}(\Delta x_{13}u_1 + \Delta z_{13}w_1 + l_{13}e_{13}) - z_{13}(\Delta x_{23}u_2 + \Delta z_{23}w_2 + l_{23}e_{23})}{\Delta z_{23}\Delta x_{13} - \Delta z_{13}\Delta x_{23}} \tag{1.5.12}$$

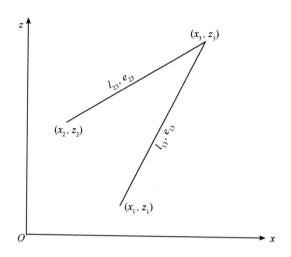

图 1.5.3　两根杆件交汇情形的始端—末端（交点）变位关系

和

$$w_3 = \frac{\Delta x_{23}(\Delta x_{13}u_1 + \Delta z_{13}w_1 + l_{13}e_{13}) - \Delta x_{13}(\Delta x_{23}u_2 + \Delta z_{23}w_2 + l_{23}e_{23})}{\Delta x_{23}\Delta z_{13} - \Delta x_{13}\Delta z_{23}} \qquad (1.5.13)$$

式（1.5.12）和式（1.5.13）也可表为简练形式：

$$u_3 = \frac{\Delta z_{23}\phi_1 - \Delta z_{13}\phi_2}{\Delta z_{23}\Delta x_{13} - \Delta z_{13}\Delta x_{23}} \qquad (1.5.14)$$

和

$$w_3 = \frac{\Delta x_{23}\phi_1 - \Delta x_{13}\phi_2}{\Delta x_{23}\Delta z_{13} - \Delta x_{13}\Delta z_{23}} \qquad (1.5.15)$$

式中，

$$\phi_1 = \Delta x_{13}u_1 + \Delta z_{13}w_1 + l_{13}e_{13} \qquad (1.5.16)$$

$$\phi_2 = \Delta x_{23}u_2 + \Delta z_{23}w_2 + l_{23}e_{23} \qquad (1.5.17)$$

$\phi_1$ 和 $\phi_2$ 分别是与序号 1 和 2 有关的长度与相应的小变形的乘积之和。

**2. 水平向和竖向变位计算**

以下将使用上面推演的连锁公式（1.5.14）至式（1.5.17）计算出桁架的变位曲（折）

线。

（1）伸臂桁架。根据伸臂式的构图特点，连锁计算自然按示意图表示的顺序进行（图 1.5.4），无须更多说明。

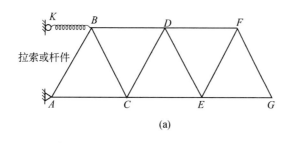

(a)

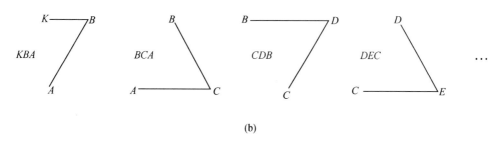

(b)

图 1.5.4　伸臂结构

（a）桁架轮廓；（b）计算顺序

（2）建筑桁架。计算将选取不规则的"迂回"途径，这样可能便捷一些，不用求解方程。

首先判定 $u_A = w_A = w_G = 0$，$u_G = 11$，于是对于杆链 $ADG$，根据式（1.5.14）至式（1.5.17）算得

$$
\left.
\begin{aligned}
\phi_1 &= \Delta x_{AD} u_A + \Delta z_{AD} w_A + l_{AD} e_{AD} \\
&= 7.5 \times 0 + 4.33 \times 0 + 8.66 \times (-5) = -43.3 \\
\phi_2 &= \Delta x_{GD} u_G + \Delta z_{GD} w_G + l_{GD} e_{GD} \\
&= -7.5 \times 11 + 4.33 \times 0 + 8.66 \times (-5) = -125.8 \\
u_D &= \frac{\Delta z_{GD} \phi_1 - \Delta z_{AD} \phi_2}{\Delta z_{GD} \Delta x_{AD} - \Delta z_{AD} \Delta x_{GD}} \\
&= \frac{4.33 \times (-43.3) - 4.33 \times (-125.8)}{4.33 \times 7.5 - 4.33 \times (-7.5)} = 5.5 \\
w_D &= \frac{\Delta x_{GD} \phi_1 - \Delta x_{AD} \phi_2}{\Delta x_{GD} 4 z_{AD} - \Delta x_{AD} \Delta z_{GD}} \\
&= \frac{-7.5 \times (-43.3) - 7.5 \times (-125.8)}{-7.5 \times 4.33 - 7.5 \times 4.33} = -19.527
\end{aligned}
\right\}
\tag{1.5.18}
$$

除杆链 $ADG$ 外，其余杆链的算式表述从简。

对于杆链 $ABD$,

$$
\left.
\begin{aligned}
\phi_1 &= 5 \times 0 + 5 \times 4 = 20 \\
\phi_2 &= -2.5 \times 5.5 + (-4.33) \times (-19.527) + 5 \times 2 = 80.802 \\
u_B &= \frac{20}{5} = 4 \\
w_B &= \frac{2.5 \times 20 + 5 \times 80.802}{5 \times (-4.33)} = -20.970
\end{aligned}
\right\}
\qquad (1.5.19)
$$

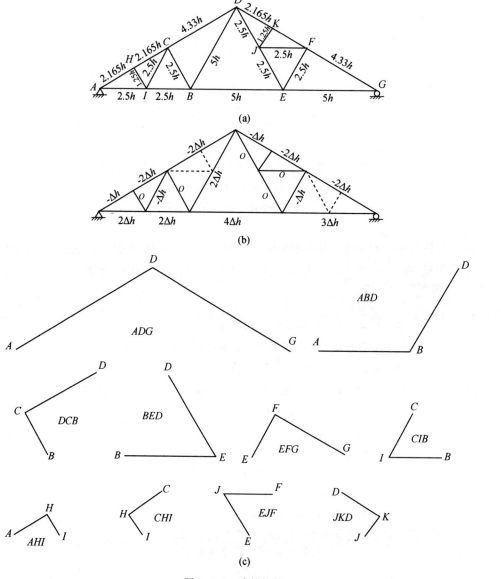

图 1.5.5  建筑桁架

(a) 桁架轮廓; (b) 杆件伸长; (c) 计算顺序

对于杆链 *DCB*,

$$\left.\begin{aligned}
\phi_1 &= -3.75 \times 5.5 + (-2.165) \times (-19.527) + 4.33 \times (-2) \\
&= 12.991 \\
\phi_2 &= -1.25 \times 4 + 2.165 \times (-20.970) + 2.5 \times 0 = -50.400 \\
u_C &= \frac{2.165 \times 12.991 - (-2.165) \times (-50.400)}{2.165 \times (-3.75) - (-2.165) \times (-1.25)} = 7.482 \\
w_C &= \frac{-1.25 \times 12.991 - (-3.75) \times (-50.400)}{-1.25 \times (-2.165) - (-3.75) \times 2.165} = -18.960
\end{aligned}\right\} \quad (1.5.20)$$

对于杆链 *BED*,

$$\left.\begin{aligned}
\phi_1 &= 5 \times 4 + 5 \times 4 = 40 \\
\phi_2 &= 2.5 \times 5.5 + (-4.33) \times (-19.527) + 5 \times 0 = 98.302 \\
u_E &= \frac{40}{5} = 8 \\
w_E &= \frac{-2.5 \times 40 + 5 \times 98.302}{5 \times (-4.33)} = -18.084
\end{aligned}\right\} \quad (1.5.21)$$

对于杆链 *EFG*,

$$\left.\begin{aligned}
\phi_1 &= 1.25 \times 8 + 2.165 \times (-18.084) + 2.5 \times (-1) = -31.652 \\
\phi_2 &= -3.75 \times 11 + 2.165 \times 0 + 4.33 \times (-2) = -49.910 \\
u_F &= \frac{2.165 \times (-31.652) - 2.165 \times (-49.910)}{2.165 \times 1.25 - 2.165 \times (-3.75)} = 3.652 \\
w_F &= \frac{-3.75 \times (-31.652) - 1.25 \times (-49.910)}{-3.75 \times 2.165 - 1.25 \times 2.165} = -16.728
\end{aligned}\right\} \quad (1.5.22)$$

对于杆链 *CIB*,

$$\left.\begin{aligned}
\phi_1 &= -1.25 \times 7.482 + (-2.165) \times (-18.960) + 2.5 \times (-1) \\
&= 29.196 \\
\phi_2 &= -2.5 \times 4 + 2.5 \times 2 = -5 \\
u_I &= \frac{-5}{-2.5} = 2 \\
w_I &= \frac{-2.5 \times (29.196) - (-1.25) \times (-5)}{-2.5 \times (-2.165)} = -14.064
\end{aligned}\right\} \quad (1.5.23)$$

对于杆链 $AHI$，

$$
\left.
\begin{aligned}
\phi_1 &= 1.875 \times 0 + 1.0825 \times 0 + 2.165 \times (-1) = -2.165 \\
\phi_2 &= -0.625 \times 2 + 1.0825 \times (-14.064) + 1.25 \times 0 = -16.474 \\
u_H &= \frac{1.0825 \times (-2.165) - 1.0825 \times (-16.474)}{1.0825 \times 1.875 - 1.0825 \times (-0.625)} = 5.724 \\
w_H &= \frac{-0.625 \times (-2.165) - 1.875 \times (-16.474)}{-0.625 \times 1.0825 - 1.875 \times 1.0825} = -11.915
\end{aligned}
\right\} \quad (1.5.24)
$$

这时，可对 $u_H$ 和 $w_H$ 做校核计算。对于另一杆链 $CHI$，根据式（1.5.16）、式（1.5.17）和式（1.5.14）、式（1.5.15）：

$$
\left.
\begin{aligned}
\phi_1 &= -1.875 \times 7.482 + (-1.0825) \times (-18.960) + 2.165 \times (-2) \\
&= 2.165 \\
\phi_2 &= (-0.625) \times 2 + 1.0825 \times (-14.064) + 1.25 \times 0 = -16.474 \\
u_H &= \frac{1.0825 \times 2.165 - (-1.0825) \times (-16.474)}{1.0825 \times (-1.875) - (-1.0825) \times (-0.625)} = 5.724 \\
w_H &= \frac{-0.625 \times 2.165 - (-1.875) \times (-16.474)}{-0.625 \times (-1.0825) - (-1.875) \times 1.0825} = -11.915
\end{aligned}
\right\} \quad (1.5.25)
$$

于是校核完成。

对于杆链 $EJF$，

$$
\left.
\begin{aligned}
\phi_1 &= (-1.25) \times 8 + 2.165 \times (-18.084) + 2.5 \times 0 = -49.152 \\
\phi_2 &= (-2.5) \times 3.652 + 2.5 \times 0 = -9.130 \\
u_J &= \frac{-9.130}{-2.5} = 3.652 \\
w_J &= \frac{-2.5 \times (-49.152) - (-1.25) \times (-9.130)}{-2.5 \times 2.165} = -20.594
\end{aligned}
\right\} \quad (1.5.26)
$$

对于杆链 $JKD$，

$$
\left.
\begin{aligned}
\phi_1 &= 0.625 \times 3.652 + 1.0825 \times (-20.594) + 1.25 \times (-1) \\
&= -21.261 \\
\phi_2 &= 1.875 \times 5.5 + (-1.0825) \times (-19.527) + 2.165 \times (-1) \\
&= 29.285 \\
u_K &= \frac{-1.0825 \times (-21.261) - 1.0825 \times 29.285}{-1.0825 \times 0.625 - 1.0825 \times 1.875} = 3.210 \\
w_K &= \frac{1.875 \times (-21.285) - 0.625 \times 29.285}{1.875 \times 1.0825 - 0.625 \times (-1.0825)} = -21.513
\end{aligned}
\right\} \quad (1.5.27)
$$

至此，连锁计算确定了建筑桁架的全部结点水平向和竖向变位。

值得注意的是，不曾使用结构力学中习用的虚功法。

（3）桥梁桁架。首先易于判定下弦所有结点的水平变位，再用虚功法仅仅对一个结点的竖向变位 $w_B$ 做辅助计算。接着便可开展连锁计算，顺次计算出 $u_C$、$w_C$、$w_D$、$u_E$、$w_E$、$w_F$、$u_G$、$w_G$、$u_H$、$w_H$、$w_I$、$u_J$、$w_J$、$w_K$；最后计算出 $u_L$ 和 $w_L$ 作为校核（图 1.5.6）。计算结果汇列如式（1.5.28）所示，变位单位都是 $\Delta h$。

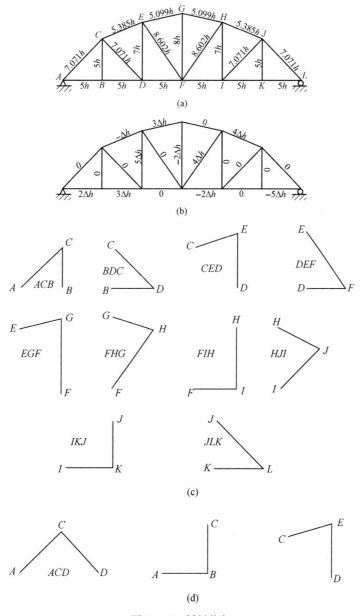

图 1.5.6　桥梁桁架

（a）桁架轮廓；（b）杆件伸长；（c）计算顺序；（d）另一计算顺序

$$
\left.\begin{array}{ll}
u_{\mathrm{A}} = 0 & w_{\mathrm{A}} = 0 \\
u_{\mathrm{B}} = 2 & w_{\mathrm{B}} = -3.436 \\
u_{\mathrm{C}} = 3.436 & w_{\mathrm{C}} = -3.436 \\
u_{\mathrm{D}} = 5 & w_{\mathrm{D}} = -1.872 \\
u_{\mathrm{E}} = -0.267 & w_{\mathrm{E}} = 3.128 \\
u_{\mathrm{F}} = 5 & w_{\mathrm{F}} = 6.890 \\
u_{\mathrm{G}} = 2.441 & w_{\mathrm{G}} = 4.890 \\
u_{\mathrm{H}} = 3.790 & w_{\mathrm{H}} = 12.541 \\
u_{\mathrm{I}} = 3 & w_{\mathrm{I}} = 12.541 \\
u_{\mathrm{J}} = 6.770 & w_{\mathrm{J}} = 8.771 \\
u_{\mathrm{K}} = 3 & w_{\mathrm{K}} = 8.771 \\
u_{\mathrm{L}} = -2 & w_{\mathrm{L}} = 0
\end{array}\right\} \tag{1.5.28}
$$

如果首先用虚功法仅对另一个结点的竖向变位 $w_{\mathrm{D}}$ 做辅助计算，也是可行的。但后续的连锁计算顺序略有变更 ［图 1.5.6 （d）］。

**3. 角变位**

桁架结点水平向和竖向变位既经求得，宜用式（1.5.2）进一步计算各杆件的角变位。根据角变位的大小和正、负，可对桁架变形图做校核和检验。

现取建筑桁架（图 1.5.5）为例做计算。

$$
\left.\begin{aligned}
\zeta_{\mathrm{AC}} &= \frac{(z_{\mathrm{C}} - z_{\mathrm{A}})(u_{\mathrm{C}} - u_{\mathrm{A}}) - (x_{\mathrm{C}} - x_{\mathrm{A}})(w_{\mathrm{C}} - w_{\mathrm{A}})}{(x_{\mathrm{C}} - x_{\mathrm{A}})^2 + (z_{\mathrm{C}} - z_{\mathrm{A}})^2} \\
&= \frac{(z_{\mathrm{C}} - z_{\mathrm{A}})(u_{\mathrm{C}} - u_{\mathrm{A}}) - (x_{\mathrm{C}} - x_{\mathrm{A}})(w_{\mathrm{C}} - w_{\mathrm{A}})}{l_{\mathrm{AC}}^2} \\
&= \frac{2.165(7.482 - 0) - 3.75(-18.96 - 0)}{4.33^2} \cdot \frac{h \cdot \Delta h}{h^2} \\
&= 4.656 \frac{\Delta h}{h} \\
\zeta_{\mathrm{BC}} &= \frac{(z_{\mathrm{C}} - z_{\mathrm{B}})(u_{\mathrm{C}} - u_{\mathrm{B}}) - (x_{\mathrm{C}} - x_{\mathrm{B}})(w_{\mathrm{C}} - w_{\mathrm{B}})}{l_{\mathrm{BC}}^2} \\
&= \frac{2.165(7.482 - 4) - (-1.25)[-18.96 - (-20.97)]}{2.5^2} \cdot \frac{h \cdot \Delta h}{h^2} \\
&= 1.608 \frac{\Delta h}{h} \\
&\quad \cdots\cdots
\end{aligned}\right\} \tag{1.5.29}
$$

杆件角变位全部计算结果汇列如下：

$$
\left.
\begin{aligned}
\zeta_{AB} &= 4.194 \\
\zeta_{AC} &= 4.656 \\
\zeta_{BC} &= 1.608 \\
\zeta_{CD} &= -0.115 \\
\zeta_{BD} &= 0.116 \\
\zeta_{BE} &= -0.577 \\
\zeta_{DE} &= -0.577 \\
\zeta_{DF} &= -0.346 \\
\zeta_{EF} &= -1.777 \\
\zeta_{FG} &= -4.194 \\
\zeta_{EG} &= -3.617
\end{aligned}
\right\}
\tag{1.5.30}
$$

这些数值结果的单位都是 $\dfrac{\Delta h}{h}$。

根据给定的杆长，可将全部杆件的偏转变位计算出，汇列如下：

$$
\left.
\begin{aligned}
d_{AB} &= \zeta_{AB} l_{AB} = 20.970 \\
d_{AC} &= \zeta_{AC} l_{AC} = 20.160 \\
d_{BC} &= \zeta_{BC} l_{BC} = 4.020 \\
d_{CD} &= \zeta_{CD} l_{CD} = -0.498 \\
d_{BD} &= \zeta_{BD} l_{BD} = 0.580 \\
d_{BE} &= \zeta_{BE} l_{BE} = -2.885 \\
d_{DE} &= \zeta_{DE} l_{DE} = -2.885 \\
d_{DF} &= \zeta_{DF} l_{DF} = -1.498 \\
d_{EF} &= \zeta_{EF} l_{EF} = -4.443 \\
d_{FG} &= \zeta_{FG} l_{FG} = -18.160 \\
d_{EG} &= \zeta_{EG} l_{EG} = -18.084
\end{aligned}
\right\}
\tag{1.5.31}
$$

这些数值的单位都是 $\Delta h$，可勾绘出桁架变形图，示如图 1.5.7。可见，偏转最大者为 $AC$ 杆，最小者为 $CD$ 杆和 $BD$ 杆；$AB$、$AC$、$BC$、$BD$ 四杆的偏转为正，其余都为负。

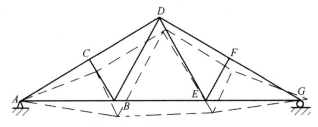

图 1.5.7 建筑桁架变形全图

# 第六节　解析几何法替代虚功法联立求解桁架变形全图

须指出，第五节中对以上各个桁架计算的全部过程等效于对所有杆件基于式（1.5.7）建立的多元一次方程组的联立求解。

对于桥梁桁架（图 1.5.6），方程组如下列：

$$
\left.
\begin{aligned}
5(u_B - 0) + 0 \times (w_B - 0) &= 5 \times 2 \quad &(AB \text{ 杆}) \\
5(u_C - 0) + 5(w_C - 0) &= 7.071 \times 0 \quad &(AC \text{ 杆}) \\
0(u_C - u_B) + 5(w_C - w_B) &= 5 \times 0 \quad &(BC \text{ 杆}) \\
5(u_D - u_B) + 0(w_D - w_B) &= 5 \times 3 \quad &(BD \text{ 杆}) \\
5(u_D - u_C) - 5(w_D - w_C) &= 7.071 \times 0 \quad &(CD \text{ 杆}) \\
5(u_E - u_C) + 2(w_E - w_C) &= -5.385 \quad &(CE \text{ 杆}) \\
\cdots\cdots(DE、DF、EF、EG、FG、FH、GH、FI、HI、HJ、IJ \text{ 杆}) & \\
5(u_K - u_I) + 0(w_K - w_I) &= 5 \times 0 \quad &(IK \text{ 杆}) \\
0(u_J - u_K) + 5(w_J - w_K) &= 5 \times 0 \quad &(JK \text{ 杆}) \\
5(u_L - u_J) - 5(0 - w_J) &= 7.071 \times 0 \quad &(JL \text{ 杆}) \\
5(u_L - u_K) + 0(0 - w_K) &= -5 \times 5 \quad &(KL \text{ 杆})
\end{aligned}
\right\} \quad (1.6.1)
$$

可见方程、未知元和杆件的数目皆为 21。解答见式（1.5.28），变位单位都是 $\Delta h$。

对于建筑桁架（图 1.5.5），方程组如下列：

$$
\left.
\begin{aligned}
5(u_B - 0) + 0(w_B - 0) &= 5 \times 4 \quad &(AB \text{ 杆}) \\
3.75(u_C - 0) + 2.165(w_C - 0) &= -4.330 \times 3 \quad &(AC \text{ 杆}) \\
1.25(u_B - u_C) - 2.165(w_B - w_C) &= 2.5 \times 0 \quad &(BC \text{ 杆}) \\
3.75(u_D - u_C) + 2.165(w_D - w_C) &= -4.33 \times 2 \quad &(CD \text{ 杆}) \\
2.5(u_D - u_B) + 4.33(w_D - w_B) &= 5 \times 2 \quad &(BD \text{ 杆}) \\
5(u_E - u_B) + 0(w_E - w_B) &= 5 \times 4 \quad &(BE \text{ 杆}) \\
2.5(u_E - u_D) - 4.33(w_E - w_D) &= 5 \times 0 \quad &(DE \text{ 杆}) \\
3.75(u_F - u_D) - 2.165(w_F - w_D) &= -4.33 \times 3 \quad &(DF \text{ 杆}) \\
1.25(u_F - u_E) + 2.165(w_F - w_E) &= -2.5 \times 1 \quad &(EF \text{ 杆}) \\
3.75(u_G - u_F) - 2.165(0 - w_F) &= -4.33 \times 2 \quad &(FG \text{ 杆}) \\
5(u_G - u_E) + 0(0 - w_E) &= 5 \times 3 \quad &(EG \text{ 杆})
\end{aligned}
\right\} \quad (1.6.2)
$$

可改写为

$$\begin{bmatrix} 5 & & & & & & & & & & \\ 0 & 0 & 3.75 & 2.165 & & & & & & & \\ 1.25 & -2.165 & -1.25 & 2.165 & & & & & & & \\ 0 & 0 & -3.75 & -2.165 & 3.75 & 2.165 & & & & & \\ -2.5 & -4.33 & 0 & 0 & 2.5 & 4.33 & & & & & \\ -5 & 0 & 0 & 0 & 0 & 0 & 5 & & & & \\ & & & & -2.5 & 4.33 & 2.5 & -4.33 & & & \\ & & & & -3.75 & 2.165 & 0 & 0 & 3.75 & -2.165 & \\ & & & & & & -1.25 & -2.165 & 1.25 & 2.165 & \\ & & & & & & 0 & 0 & -3.75 & 2.165 & 3.75 \\ & & & & & & -5 & 0 & 0 & 0 & 5 \end{bmatrix} \begin{Bmatrix} u_B \\ w_B \\ u_C \\ w_C \\ u_D \\ w_D \\ u_E \\ w_E \\ u_F \\ w_F \\ u_G \end{Bmatrix} = \begin{Bmatrix} 20 \\ -12.99 \\ 0 \\ -8.66 \\ 10 \\ 20 \\ 0 \\ -12.99 \\ -2.5 \\ -8.66 \\ 15 \end{Bmatrix}$$

$$(1.6.3)$$

未知元数目为 11，与方程数目相同，也与杆件数目相同。解答见式（1.5.18）至式（1.5.27），变位单位都是 $\Delta h$。

对于馆堂拱式桁架（图1.6.1），联立方程组如下列：

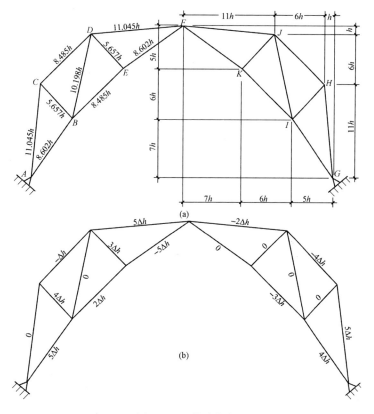

图 1.6.1 拱式桁架

（a）桁架轮廓；（b）杆件伸长

$$5(u_B - 0) + 7(w_B - 0) = 8.602 \times 5 \qquad (AB\text{杆})$$
$$1(u_C - 0) + 11(w_C - 0) = 11.045 \times 0 \qquad (AC\text{杆})$$
$$-4(u_C - u_B) + 4(w_C - w_B) = 5.657 \times 4 \qquad (BC\text{杆})$$
$$6(u_D - u_C) + 6(w_D - w_C) = -8.485 \times 1 \qquad (CD\text{杆})$$
$$2(u_D - u_B) + 10(w_D - w_B) = 10.198 \times 0 \qquad (BD\text{杆})$$
$$6(u_E - u_B) + 6(w_E - w_B) = 8.485 \times 2 \qquad (BE\text{杆})$$
$$4(u_E - u_D) - 4(w_E - w_D) = 5.657 \times 3 \qquad (DE\text{杆})$$
$$11(u_F - u_D) + 1(w_F - w_D) = 11.045 \times 5 \qquad (DF\text{杆})$$
$$7(u_F - u_E) + 5(w_F - w_E) = -8.602 \times 5 \qquad (EF\text{杆})$$
$$7(u_K - u_F) - 5(w_K - w_F) = 8.602 \times 0 \qquad (FK\text{杆})$$
$$11(u_J - u_F) - 1(w_J - w_F) = -11.045 \times 2 \qquad (FJ\text{杆})$$
$$4(u_J - u_K) + 4(w_J - w_K) = 5.657 \times 0 \qquad (KJ\text{杆})$$
$$6(u_I - u_K) - 6(w_I - w_K) = -8.485 \times 3 \qquad (KI\text{杆})$$
$$2(u_I - u_J) - 10(w_I - w_J) = 10.198 \times 0 \qquad (JI\text{杆})$$
$$6(u_H - u_J) - 6(w_H - w_J) = -8.485 \times 4 \qquad (JH\text{杆})$$
$$4(u_H - u_I) + 4(w_H - w_I) = 5.657 \times 0 \qquad (IH\text{杆})$$
$$-1(u_H - 0) + 11(w_H - 0) = 11.045 \times 5 \qquad (GH\text{杆})$$
$$-5(u_I - 0) + 7(w_I - 0) = 8.602 \times 4 \qquad (GI\text{杆})$$
$$(1.6.4)$$

18 根杆件的变形状态对应于 18 个方程，可求解 18 个未知元。此式也可改写为

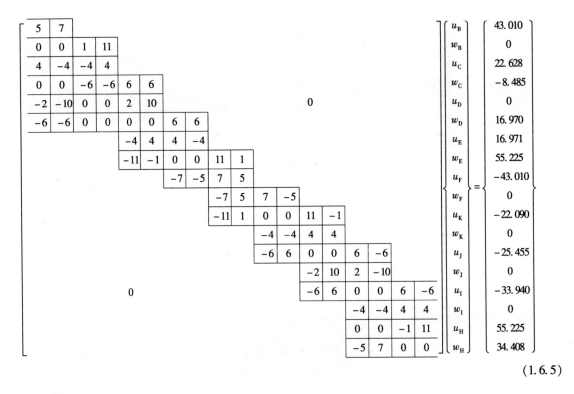

$$(1.6.5)$$

解答如式（1.6.6）所表，变位单位都是 $\Delta h$。

$$
\left.
\begin{array}{ll}
u_A = 0 & w_A = 0 \\
u_B = 7.226 & w_B = 0.983 \\
u_C = 0.540 & w_C = -0.049 \\
u_D = -4.189 & w_D = 3.266 \\
u_E = 3.913 & w_E = 7.125 \\
u_F = 0.877 & w_F = 2.776 \\
u_G = 0 & w_G = 0 \\
u_H = -5.234 & w_H = 4.545 \\
u_I = -3.270 & w_I = 2.580 \\
u_J = -1.110 & w_J = 3.012 \\
u_K = 0.148 & w_K = 1.755
\end{array}
\right\} \tag{1.6.6}
$$

结点变位联立方程组中的未知元最多为 4 个。

注意上述的建筑桁架和桥梁桁架皆为静定简支桁架。现将杆件数目表为 $s$，结点数目表为 $p$，应有关系式：

$$
s = 2p - 3 \tag{1.6.7}
$$

式中，$s$ 或 $2p-3$ 即是方程或未知元的数目；数目 3 表明三个边界位移是已知（为 0）的。

上述的另一个馆堂桁架（三铰拱）也为静定，应有关系式：

$$
s = 2p - 4 \tag{1.6.8}
$$

式中，$s$ 或 $2p-4$ 即是方程或未知元的数目；数目 4 表明四个边界位移是已知（为 0）的。

根据第五和第六节中的推演和表述，可就桁架结点变位的几种不同的求解方法做比较，就使用选择做议论。

若需仅确定某一结点在某一方向的变位，虚功法可以胜任。

若需确定全部结点的变位以勾绘桁架变形全图，解析几何连锁计算法和解析几何联立解法可供选择。

连锁计算法特别适用于伸臂桁架和建筑桁架，若用虚功法做辅助计算，也适用于桥梁桁架。联立解法适用于各种桁架。

## 第七节  桁架杆件变形的六边形相容关系

第五节中已有几何关系式（1.5.7），即

$$\Delta x_{i-1,i}(u_i - u_{i-1}) + \Delta z_{i-1,i}(w_i - w_{i-1}) = l_{i-1,i}e_{i-1,i} \qquad (1.7.1)$$

将式（1.5.2）改写可得

$$\Delta z_{i-1,i}(u_i - u_{i-1}) + \Delta x_{i-1,i}(w_i - w_{i-1}) = l_{i-1,i}d_{i-1,i} \qquad (1.7.2)$$

式中，$d_{i-1,i}$ 为杆端的偏转变位，

$$d_{i-1,i} = l_{i-1,i}\zeta_{i-1,i} \qquad (1.7.3)$$

式（1.7.1）和式（1.7.2）是杆件变形的一组基本的相容关系。

将式（1.7.2）和式（1.7.1）再改写，得

$$(u_i - u_{i-1})\sin\alpha - (w_i - w_{i-1})\cos\alpha = d_{i-1,i} \qquad (1.7.4)$$

$$(u_i - u_{i-1})\cos\alpha + (w_i - w_{i-1})\sin\alpha = e_{i-1,i} \qquad (1.7.5)$$

式（1.7.4）和式（1.7.5）中，

$$\left.\begin{array}{l} \cos\alpha = \dfrac{\Delta x_{i-1,i}}{l_{i-1,i}} \\[3mm] \sin\alpha = \dfrac{\Delta z_{i-1,i}}{l_{i-1,i}} \end{array}\right\} \qquad (1.7.6)$$

$d_{i-1,i}$、$e_{i-1,i}$ 和 $u_{i-1}$、$u_i$、$w_{i-1}$、$w_i$ 的相互关系可用图形展示，详见图 1.7.1 和图 1.7.2 中的八种可能情形。图 1.7.1 中相容多边形为六边；图 1.7.2 中退化为五边，是由于 $Q$ 点与 $R$ 点或与原点 $O$ 重合。图中 $OQ$ 标示伸长，$QR$ 标示偏转变位。

对应于每一根杆，可绘制一个相容六边形图。在实际情况中，相容六边形常有退化。图 1.5.5 中的建筑桁架的 11 根杆件的相容多边形图展示于图 1.7.3 中，结点变位数据参照式（1.5.18）至式（1.5.27）。根据式（1.5.2）可算得偏转变位，结果与图 1.7.3 符合。

$u_i$、$u_{i-1}$、$w_i$ 和 $w_{i-1}$ 的绘制顺序可能不同，图形似不相同。现就图 1.7.1（b）略举出几种结果，见图 1.7.4。

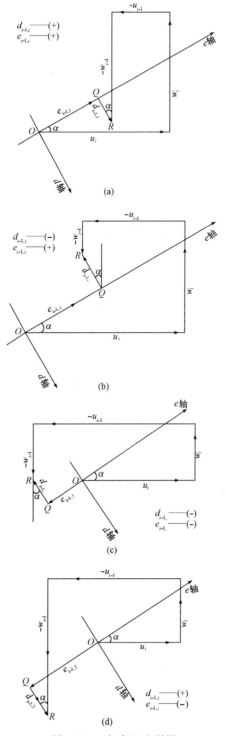

图 1.7.1 相容六边形图

（a）*R* 点位于 *d-e* 坐标系的第一象限；（b）*R* 点位于 *d-e* 坐标系的第二象限；

（c）*R* 点位于 *d-e* 坐标系的第三象限；（d）*R* 点位于 *d-e* 坐标系的第四象限

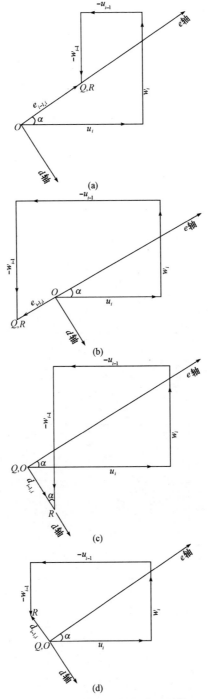

图 1.7.2　退化的相容多边形图

（a）$d_{i-1,i}=0$，$e_{i-1,i}$——（ + ），$Q$ 点与 $R$ 点重合，$R$ 点位于正方向 $e$ 轴上；

（b）$d_{i-1,i}=0$，$e_{i-1,i}$——（ - ），$Q$ 点与 $R$ 点重合，$R$ 点位于负方向 $e$ 轴上；

（c）$d_{i-1,i}$——（ + ），$e_{i-1,i}=0$，$Q$ 点与原点 $O$ 重合，$R$ 点位于正方向 $d$ 轴上；

（d）$d_{i-1,i}$——（ - ），$e_{i-1,i}=0$，$Q$ 点与原点 $O$ 重合，$R$ 点位于负方向 $d$ 轴上

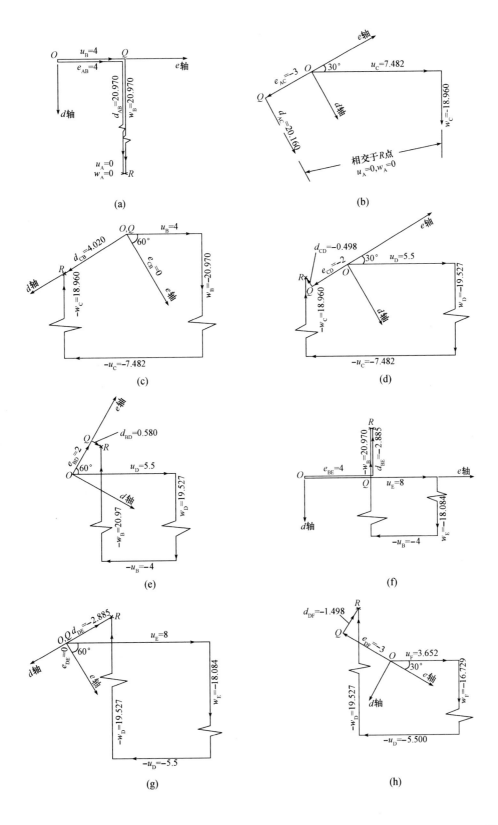

(a)

(b)

(c)

(d)

(e)

(f)

(g)

(h)

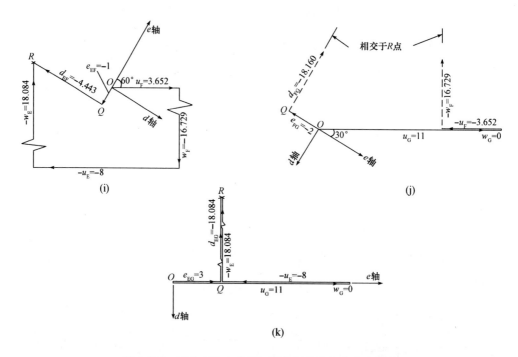

图 1.7.3　图 1.5.5 中建筑桁架各杆件的相容多边形图

（a）AB 杆，R 点位于 $d-e$ 坐标系的第一象限；（b）AC 杆，R 点位于 $d-e$ 坐标系的第四象限；（c）CB 杆，R 点位于正方向 $d$ 轴上；（d）CD 杆，R 点位于 $d-e$ 坐标系的第三象限；（e）BD 杆，R 点位于 $d-e$ 坐标系的第一象限；（f）BE 杆，R 点位于 $d-e$ 坐标系的第二象限；（g）DE 杆，R 点位于负方向 $d$ 轴上；（h）DF 杆，R 点位于 $d-e$ 坐标系的第三象限；（i）EF 杆，R 点位于 $d-e$ 坐标系的第三象限；（j）FG 杆，R 点位于 $d-e$ 坐标系的第三象限；（k）EG 杆，R 点位于 $d-e$ 坐标系的第二象限

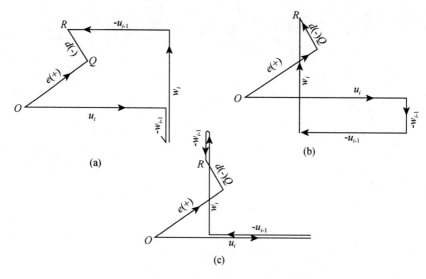

图 1.7.4　图 1.7.1（b）的不同图形

# 第八节  利用六边形相容关系图解桁架结点变位

第五节中用连锁公式逐点计算出桁架的结点变位。结点 *D* 和 *F* 的计算结果如图 1.8.1 （a）和1.8.2 （a）所示。这里选做讨论的例子。

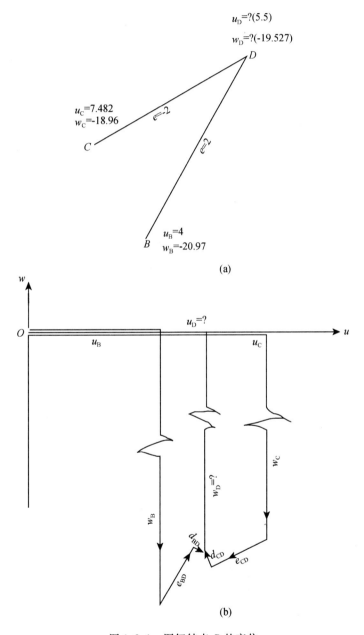

(a)

(b)

图 1.8.1  图解结点 *D* 的变位

（a）图解结果；（b）图解过程

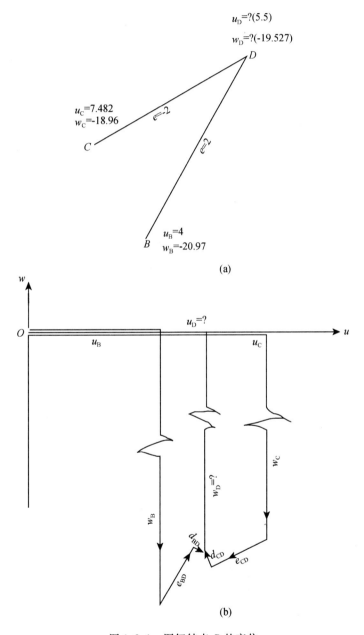

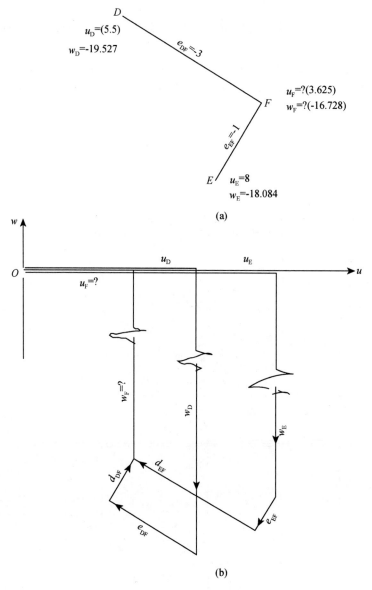

图 1.8.2　图解结点 *F* 的变位

(a) 图解结果；(b) 图解过程

根据六边形相容关系，利用图解方法，也可求得同样的结果。现就图 1.8.1 (b) 做绘制说明，图 1.8.2 (b) 的说明仿之。说明如下：

(1) 根据始端数据 $u_B$、$w_B$ 和 $e_{BD}$ 绘出三段的折线，这仅是 *BD* 杆相容多边形的"一半"。

(2) 又根据始端数据 $u_C$、$w_C$ 和 $e_{CD}$ 绘出另一根三段的折线，这仅是 *CD* 杆相容多边形的"一半"。

(3) 由于相容多边形中 *d* 段的始端与 *e* 段的末端是衔接的，并且 *d* 段与 *e* 段垂直，于是可绘出 $d_{BD}$ 和 $d_{CD}$ 两线段，它们相交于 *d* 段的末端。这样就绘出了 *BD* 杆和 *CD* 杆的相容多边形的四个边。

（4）BD 杆和 CD 杆共同余下的两段，一为水平，一为竖直，正是待求的结果。它显示出 $u_D$ 和 $w_D$。

关于桁架结点变位的图解方法曾经他人探研过，所遇问题是：①图形中既有表示变位的线段，也有表示杆件长度的线段，二者不是同一数量级；②求解过程中全图不得不超出制图的纸面很多很多，难以控制；……。

这里的图解方法未遇此类问题。

## 第九节　桁架中三角形杆件组合单元变形的多边形展示

根据前节的计算数据（表 1.9.1），可将桁架按每个三角形为一组，将三杆件的变位 $e$ 与 $d$ 汇集勾绘如图 1.9.1 所示。可见，对于每个三角形杆件环路（$e$—$d$ 图），一般为六边形，但有的有退化。

表 1.9.1　第五节建筑桁架的计算结果

| 杆件 | $e$（$\Delta h$） | $\zeta$ | $d$（$\Delta h$） | $e$—$d$ 旋转向（顺、逆时针） |
|---|---|---|---|---|
| AB | 4 | 4.194 | 20.970 | 顺 |
| AC | −3 | 4.656 | 20.160 | 逆 |
| BC | 0 | 1.608 | 4.020 | — |
| CD | −2 | −0.115 | −0.498 | 顺 |
| BD | 2 | 0.116 | 0.580 | 顺 |
| BE | 4 | −0.577 | −2.885 | 逆 |
| DE | 0 | −0.577 | −2.885 | — |
| DF | −3 | −0.346 | −1.498 | 顺 |
| EF | −1 | −1.777 | −4.443 | 顺 |
| FG | −2 | −4.194 | −18.160 | 顺 |
| EG | 3 | −3.617 | −18.084 | 逆 |

特别注意，对于每一杆件，从 $e$ 出发，经 $d$ 勾绘出一个环路折线支段，若 $e$ 与 $d$ 正负同号，则此支段为顺时针向，若 $e$ 与 $d$ 正负异号，则此支段为逆时针向。

参照图 1.9.2 试做讨论：若三角形单元中一个 $e=0$，六边形退化为五边形；两个 $e=0$，退化为四边形；……。$e=0$ 意指此杆极刚。若偏转变位 $d=0$（几无偏转），应可做出相应的讨论。

此种多边形（$n=6$，5，…）的内角之和应为 $(n-2) \times 180°$。

$e$—$d$ 图的其他性状和用途可做进一步的研讨。

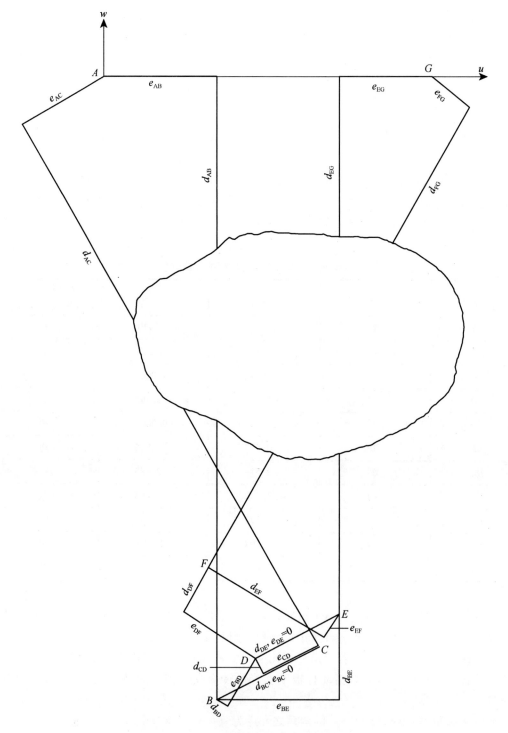

图 1.9.1　建筑桁架杆件 $e$ 与 $d$ 汇集勾绘

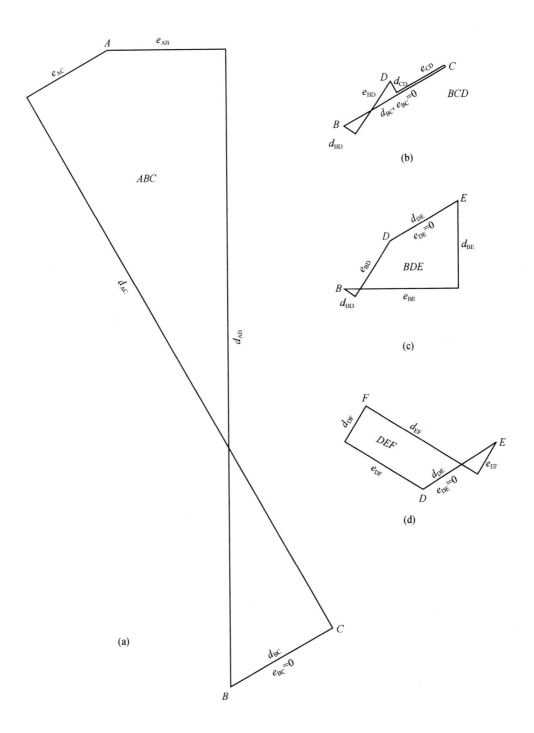

(a)

(b)

(c)

(d)

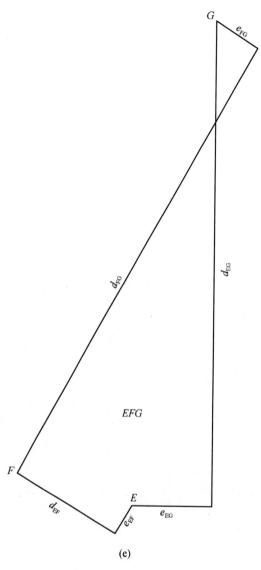

图 1.9.2　建筑桁架三角形组合单元变形的多边形展示

（a）*ABC* 退化为五边形；（b）*BCD* 退化为五边形；（c）*BDE* 退化为五边形；

（d）*DEF* 退化为五边形；（e）*EFG* 为六边形

# 第十节　仿弹性力学思路求解超静定桁架

（1）本节中将仿弹性力学思路求解超静定桁架，建议一个能与通常结构力学教程中的方法并行的求解方法。使用不同的方法会经历不同的学术感受，这样对于结构力学研习者无疑是有益的。

图 1.10.1 勾绘出几个超静定桁架，（a）和（b）是平面桁架，（c）是空间桁架。工程实际中的桁架较此更为复杂，但求解思路都是相同或相仿的。

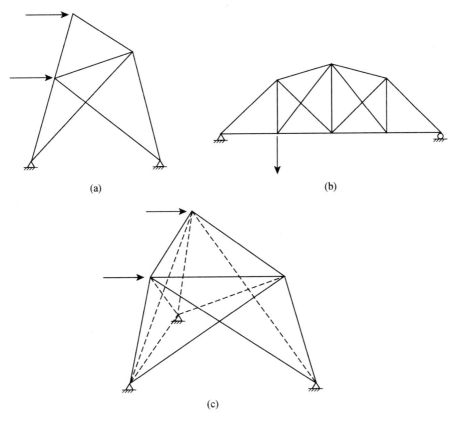

图 1.10.1 超静定桁架

（a）平面桁架；（b）平面桁架；（c）空间桁架

参与计算分析的各个结点处可建立平衡方程：

$$[\alpha]\{f\} = \{P\} \tag{1.10.1}$$

式中，$\{P\}$ 为作用于结点上的（水平或竖向）荷载向量；$\{f\}$ 为杆件内力向量；$[\alpha]$ 为一几何矩阵。

各个杆件内力 $\{f\}$ 与变形（伸长）向量 $\{e\}$ 之间具有弹性关系：

$$[\beta]\{e\} = \{f\} \tag{1.10.2}$$

式中，$[\beta]$ 一般为对角线刚度矩阵。

伸长 $\{e\}$ 与结点变位向量 $\{s\}$ 之间具有几何相容关系：

$$[\gamma]\{s\} = \{e\} \tag{1.10.3}$$

式中，$[\gamma]$ 为几何相容矩阵，参照第五节中的式（1.5.7）明细构成。这是最重要的一个步骤。

合并以上各式，便有

$$[\alpha][\beta][\gamma]\{s\} = \{P\} \tag{1.10.4}$$

根据给定的荷载 $\{P\}$，自式（1.10.4）可解得结点变位 $\{s^*\}$。

参照式（1.10.2）和式（1.10.3），又可计算出杆件的内力：

$$\{f^*\} = [\beta][\gamma]\{s^*\} \tag{1.10.5}$$

求解全过程及边界（支座）条件的处理见以下十分简单的算例中。

（2）图 1.10.2 所示的简例为一内部超静定的平面桁架，荷载 $P$ 与反力示如图中。

取 $x$—$z$ 坐标轴如图所示，参照式（1.10.1），写出平衡方程：

$$\left. \begin{array}{ll} f_{BD} + \dfrac{\sqrt{2}}{2}f_{BC} = 0 & \text{（结点 } B, \text{水平向）} \\[2mm] f_{AB} + \dfrac{\sqrt{2}}{2}f_{BC} = 0 & \text{（结点 } B, \text{竖向）} \\[2mm] f_{AC} + \dfrac{\sqrt{2}}{2}f_{BC} = 0 & \text{（结点 } C, \text{水平向）} \\[2mm] f_{BD} + \dfrac{\sqrt{2}}{2}f_{AD} = P & \text{（结点 } D, \text{水平向）} \\[2mm] f_{CD} + \dfrac{\sqrt{2}}{2}f_{AD} = 0 & \text{（结点 } D, \text{竖向）} \end{array} \right\} \tag{1.10.6}$$

参照式（1.10.2）写出弹性关系：

$$\left. \begin{array}{l} AEe_{AB}/l = f_{AB} \\[1mm] AEe_{AC}/l = f_{AC} \\[1mm] AEe_{AD}/\sqrt{2}l = f_{AD} \\[1mm] AEe_{BC}/\sqrt{2}l = f_{BC} \\[1mm] AEe_{BD}/l = f_{BD} \\[1mm] AEe_{CD}/l = f_{CD} \end{array} \right\} \tag{1.10.7}$$

式中，$e$ 为各杆件的伸长；$AE$ 为各杆件的拉伸刚度。

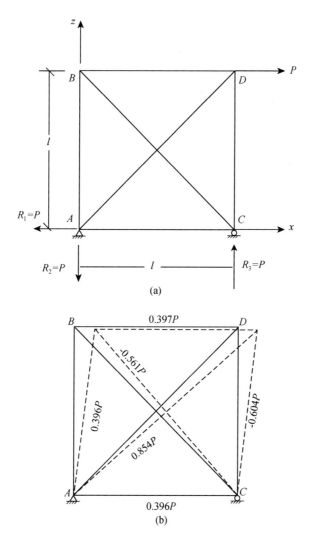

图 1.10.2 内部超静定桁架

（a）桁架简图（各杆的拉伸刚度都是 $AE$）；（b）变形图和内力图

参照式（1.10.3）和式（1.5.7），写出相容关系：

$$
\left.
\begin{array}{ll}
(x_B - x_A)(u_B - u_A) + (z_B - z_A)(w_B - w_A) = l_{AB}e_{AB} & (AB\ 杆)\\[6pt]
(x_C - x_A)(u_C - u_A) + (z_C - z_A)(w_C - w_A) = l_{AC}e_{AC} & (AC\ 杆)\\[6pt]
(x_D - x_A)(u_D - u_A) + (z_D - z_A)(w_D - w_A) = l_{AD}e_{AD} & (AD\ 杆)\\[6pt]
(x_C - x_B)(u_C - u_B) + (z_C - z_B)(w_C - w_B) = l_{BC}e_{BC} & (BC\ 杆)\\[6pt]
(x_D - x_B)(u_D - u_B) + (z_D - z_B)(w_D - w_B) = l_{BD}e_{BD} & (BD\ 杆)\\[6pt]
(x_D - x_C)(u_D - u_C) + (z_D - z_C)(w_D - w_C) = l_{CD}e_{CD} & (CD\ 杆)
\end{array}
\right\}
\quad (1.10.8)
$$

考虑支座边界条件 $u_A = w_A = w_C = 0$，整理式（1.10.8），便有

$$\left.\begin{aligned}
w_B &= e_{AB} \\
u_C &= e_{AC} \\
u_D + w_D &= \sqrt{2}\,e_{AD} \\
u_C - u_B + w_B &= \sqrt{2}\,e_{BC} \\
u_D - u_B &= e_{BD} \\
w_D &= e_{CD}
\end{aligned}\right\}\qquad(1.10.9)$$

将式（1.10.9）代入式（1.10.7），再将式（1.10.7）代入式（1.10.6）并取 $AE/l = k$，可得

$$\left.\begin{aligned}
-(1 + 2\sqrt{2})u_B + u_C + 2\sqrt{2}\,u_D + w_B &= 0 \\
-u_B + u_C + (1 + 2\sqrt{2})w_B &= 0 \\
-2\sqrt{2}\,u_B + (1 + 2\sqrt{2})u_D + w_D &= 2\sqrt{2}\,P/k \\
u_D + (1 + 2\sqrt{2})w_D &= 0 \\
-u_B + (1 + 2\sqrt{2})u_C + w_B &= 0
\end{aligned}\right\}\qquad(1.10.10)$$

式（1.10.10）的解答为

$$\left.\begin{aligned}
u_B &= 1.914P/k \\
u_C &= 0.396P/k \\
u_D &= 2.311P/k \\
w_B &= 0.396P/k \\
w_D &= -0.604P/k
\end{aligned}\right\}\qquad(1.10.11)$$

变位既经求得，代入式（1.10.9）计算伸长，再将伸长结果代入式（1.10.7），最后可计算出内力：

$$\left.\begin{aligned}
f_{AB} &= 0.396P \\
f_{AC} &= 0.396P \\
f_{AD} &= 0.854P \\
f_{BC} &= -0.561P \\
f_{BD} &= 0.397P \\
f_{CD} &= -0.604P
\end{aligned}\right\}\qquad(1.10.12)$$

变位和内力的计算结果勾绘于图 1.10.2 中。

内力接拼图此前已展示于图 1.3.9（b）中。

（3）图 1.10.3 所示的简例为一外部超静定桁架，荷载 $P$ 示于图中，反力待计算分析后才能完全确定。

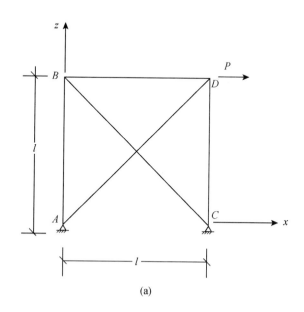

(a)

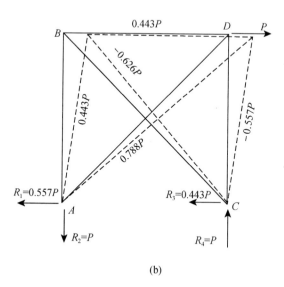

(b)

图 1.10.3　外部超静定桁架

（a）桁架简图（各杆的拉伸刚度都是 $AE$）；（b）变形图和内力图

平衡方程不同于式 (1.10.6)，仅有四个式子：

$$\left.\begin{array}{r} f_{BD} + \dfrac{\sqrt{2}}{2} f_{BC} = 0 \\[2mm] f_{AB} + \dfrac{\sqrt{2}}{2} f_{BC} = 0 \\[2mm] f_{BD} + \dfrac{\sqrt{2}}{2} f_{AD} = P \\[2mm] f_{CD} + \dfrac{\sqrt{2}}{2} f_{AD} = 0 \end{array}\right\}$$

(1.10.13)

弹性关系不同于式 (1.10.7)，仅有五个式子：

$$\left.\begin{array}{l} AE e_{AB}/l = f_{AB} \\[1mm] AE e_{AD}/\sqrt{2}\,l = f_{AD} \\[1mm] AE e_{BC}/\sqrt{2}\,l = f_{BC} \\[1mm] AE e_{BD}/l = f_{BD} \\[1mm] AE e_{CD}/l = f_{CD} \end{array}\right\}$$

(1.10.14)

相容关系不同于式 (1.10.8)，仅有五个式子：

$$\left.\begin{array}{l} (x_B - x_A)(u_B - u_A) + (z_B - z_A)(w_B - w_A) = l_{AB} e_{AB} \\[1mm] (x_D - x_A)(u_D - u_A) + (z_D - z_A)(w_D - w_A) = l_{AD} e_{AD} \\[1mm] (x_C - x_B)(u_C - u_B) + (z_C - z_B)(w_C - w_B) = l_{BC} e_{BC} \\[1mm] (x_D - x_B)(u_D - u_B) + (z_D - z_B)(w_D - w_B) = l_{BD} e_{BD} \\[1mm] (x_D - x_C)(u_D - u_C) + (z_D - z_C)(w_D - w_C) = l_{CD} e_{CD} \end{array}\right\}$$

(1.10.15)

考虑支座边界条件 $u_A = w_A = u_C = w_C = 0$，整理式 (1.10.15)，便有

$$\left.\begin{array}{r} w_B = e_{AB} \\[1mm] u_D + w_D = \sqrt{2}\, e_{AD} \\[1mm] -u_B + w_B = \sqrt{2}\, e_{BC} \\[1mm] u_D - u_B = e_{BD} \\[1mm] w_D = e_{CD} \end{array}\right\}$$

(1.10.16)

将式 (1.10.16) 代入式 (1.10.14)，再将式 (1.10.14) 代入式 (1.10.13)，并取 $AE/l = k$，可得

$$\left.\begin{array}{l} -(1 + 2\sqrt{2})u_B + 2\sqrt{2}\, u_D + w_B = 0 \\[1mm] -u_B + (1 + 2\sqrt{2})w_B = 0 \\[1mm] -2\sqrt{2}\, u_B + (1 + 2\sqrt{2})u_D + w_D = 2\sqrt{2}\, P/k \\[1mm] u_D + (1 + 2\sqrt{2})w_D = 0 \end{array}\right\}$$

(1.10.17)

式（1.10.17）的解答为

$$
\left.\begin{aligned}
u_{\mathrm{B}} &= 1.693P/k \\
u_{\mathrm{D}} &= 2.132P/k \\
w_{\mathrm{B}} &= 0.442P/k \\
w_{\mathrm{D}} &= -0.558P/k
\end{aligned}\right\}
\tag{1.10.18}
$$

将式（1.10.18）代回式（1.10.16），可确定伸长，再代回式（1.10.14）可最后确定内力：

$$
\left.\begin{aligned}
f_{\mathrm{AB}} &= 0.443P \\
f_{\mathrm{AD}} &= 0.788P \\
f_{\mathrm{BC}} &= -0.626P \\
f_{\mathrm{BD}} &= 0.443P \\
f_{\mathrm{CD}} &= -0.557P
\end{aligned}\right\}
\tag{1.10.19}
$$

变位和内力的计算结果勾绘于图 1.10.3 中。

内力拼接图此前已展示于图 1.3.10（b）中。

（4）如果图 1.10.3（a）的简例中 $CD$ 杆的拉伸刚度不是 $AE$，而是 $2AE$，则替代式（1.10.17），导得

$$
\left.\begin{aligned}
-(1 + 2\sqrt{2})u_{\mathrm{B}} + 2\sqrt{2}u_{\mathrm{D}} + w_{\mathrm{B}} &= 0 \\
-u_{\mathrm{B}} + (1 + 2\sqrt{2})w_{\mathrm{B}} &= 0 \\
-2\sqrt{2}u_{\mathrm{B}} + (1 + 2\sqrt{2})u_{\mathrm{D}} + w_{\mathrm{D}} &= 2\sqrt{2}P/k \\
u_{\mathrm{D}} + (1 + 4\sqrt{2})w_{\mathrm{D}} &= 0
\end{aligned}\right\}
\tag{1.10.20}
$$

式（1.10.20）的解答为

$$
\left.\begin{aligned}
u_{\mathrm{B}} &= 1.562P/k \\
u_{\mathrm{D}} &= 1.970P/k \\
w_{\mathrm{B}} &= 0.408P/k \\
w_{\mathrm{D}} &= -0.296P/k
\end{aligned}\right\}
\tag{1.10.21}
$$

内力的计算结果为

$$
\left.
\begin{array}{l}
f_{AB} = 0.408P \\
f_{AD} = 0.837P \\
f_{BC} = -0.577P \\
f_{BD} = 0.408P \\
f_{CD} = -0.592P
\end{array}
\right\}
\qquad (1.10.22)
$$

式（1.10.21）和式（1.10.22）的解答勾绘于图1.10.4（b）中。内力拼接图绘制于图1.10.4（c）中。

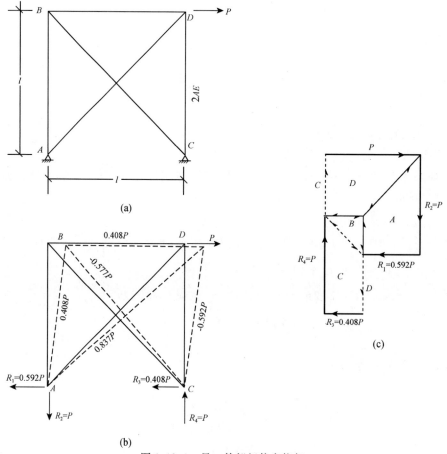

图 1.10.4　另一外部超静定桁架

（a）桁架简图（*CD* 杆的拉伸刚度是 2*AE*，其余是 *AE*）；（b）变形图和内力图；（c）内力显示图拼接绘制

（5）式（1.10.1）至式（1.10.5）也适用于空间桁架。只要空间情形的杆件伸长向量 $\{e\}$ 与结点变位向量 $\{s\}$ 之间的几何相容关系导出，求解全过程便可仿照平面桁架一样进行。

# 第十一节　参仿弹性力学思路求解斜交框架

本节将参仿弹性力学求解思路，推演既考虑荷载作用又考虑支座沉陷情况下平面斜交框架的一般性解答。

对于平面斜交框架，设节点数为 $p$，杆件数为 $s$，支点（边界结点）数为 $r$，荷载作用于结点。

每个结点仅有一角变位（转动），此转动向量表为 $\{\theta\}_p$。每根杆轴线仅有一角变位，此角变位向量表为 $\{\zeta\}_s$。

根据每个结点的弹性力矩的总和为 0 的条件，自 $p$ 个方程解得

$$\{\theta\}_p = [\alpha]_{p\times s}\{\zeta\}_s \tag{1.11.1}$$

杆端剪力向量表为 $\{Q\}_s$，根据杆件的截面刚度确定：

$$\{Q\}_s = [R]_{s\times p}\{\theta\}_p + [S]_{s\times s}\{\zeta\}_s \tag{1.11.2}$$

式中，$[R]$ 和 $[S]$ 为挠曲刚度矩阵。

将式（1.11.1）代入式（1.11.2），得

$$\{Q\}_s = ([R]_{s\times p}[\alpha]_{p\times s} + [S]_{s\times s})\{\zeta\}_s = [D]_{s\times s}\{\zeta\}_s \tag{1.11.3}$$

式中，$[D]$ 为综合挠曲刚度矩阵。

根据结点荷载和杆端内力的平衡条件，写出

$$[\delta]_{2p\times s}\{Q\}_s + [\mu]_{2p\times s}\{L\}_s + [\sigma]_{2p\times 2p}\{F\}_{2p} = \{0\}_{2p} \tag{1.11.4}$$

式中，$\{L\}$ 为轴向力向量；$[\delta]$、$[\mu]$ 和 $[\sigma]$ 皆为几何矩阵，决定于杆件所在位置；$\{F\}$ 为结点荷载向量，每一结点处有一水平分量和一竖向分量。

现自式（1.11.4）消去轴向力 $\{L\}$，便有

$$[\beta]_{(2p-s)\times s}\{Q\}_s + [b]_{(2p-s)\times 2p}\{F\}_{2p} = \{0\}_{2p-s} \tag{1.11.5}$$

式中，$[\beta]$ 和 $[b]$ 皆为几何矩阵。

将式（1.11.3）代入式（1.11.5），可得

$$[\beta]_{(2p-s)\times s}[D]_{s\times s}\{\zeta\}_s + [b]_{(2p-s)\times 2p}\{F\}_{2p} = \{0\}_{2p-s} \tag{1.11.6}$$

选择 $2p-s$ 个独立的杆轴线角变位作为独立几何变量，用 $q$ 表示。

将第五节中式（1.5.5）应用于杆系的所有通路，写出

$$\{\zeta\}_s = [I]_{s\times 2r}\{d_b\}_{2r} + [G]_{s\times(2p-s)}\{q\}_{2p-s} \tag{1.11.7}$$

式中，$\{d_b\}$ 为边界位移向量；$[I]$ 为支点沉陷矩阵，$[G]$ 为几何约束矩阵，决定于杆件所在位置。

将式（1.11.7）代入式（1.11.6），最后得到

$$\begin{aligned}
&[\beta]_{(2p-s)\times s}[D]_{s\times s}[G]_{s\times(2p-s)}\{q\}_{2p-s}\\
&= -[\beta]_{(2p-s)\times s}[D]_{s\times s}[I]_{s\times 2r}\{d_b\}_{2r} - [b]_{(2p-s)\times 2p}\{F\}_{2p}
\end{aligned} \tag{1.11.8}$$

此式简写为

$$[\beta][D][G]\{q\} = -[\beta][D][I]\{d_b\} - [b]\{F\} \tag{1.11.9}$$

（1）在结点荷载作用下，独立几何变量的形式解答为

$$\{q^*\} = -([\beta][D][G])^{-1}[b]\{F\} \tag{1.11.10}$$

相应的变形状态为

$$\{\zeta^*\} = [G]\{q^*\} \tag{1.11.10a}$$

$q*$ 见式（1.11.10）。

杆端剪力为

$$\{Q^*\} = [D]\{\zeta^*\} \tag{1.11.10b}$$

$\zeta^*$ 见式（1.11.10a）。

（2）在支座沉陷作用下，独立几何变量的形式解答为

$$\{q^*\} = -([\beta][D][G])^{-1}[\beta][D][I]\{d_b\} \tag{1.11.11}$$

相应的变形状态为

$$\{\zeta^*\} = [I]\{d_b\} + [G]\{q^*\} \tag{1.11.11a}$$

$q^*$ 见式（1.11.11）。

杆端剪力为

$$\{Q^*\} = [D]\{\zeta^*\} \tag{1.11.11b}$$

$\zeta^*$ 见式（1.11.11a）。

（3）在结点荷载及支座沉陷同时作用下，独立几何变量的形式解答为

$$\{q^*\} = -([\beta][D][G])^{-1}([\beta][D][I]\{d_b\} + [b]\{F\}) \tag{1.11.12}$$

相应的变形状态为

$$\{\zeta^*\} = [I]\{d_b\} + [G]\{q^*\} \tag{1.11.12a}$$

$q^*$ 见式（1.11.12）。

杆端剪力为

$$\{Q^*\} = [D]\{\zeta^*\} \tag{1.11.12b}$$

$\zeta^*$ 见式（1.11.12a）。

以下举出两个算例：例 1.11.1 是支座沉陷下不规则斜交框架的结构力学分析，例 1.11.2 是侧力作用下不规则斜交框架的结构力学分析。

例 **1.11.1** 峡谷中建一拱桥，拱身—桥面体系的极简单的概略模型如图 1.11.1 中的不规则斜交框架所示。支座 $H$ 处发生侧向变位 [图 1.11.2（a）]，解得变形、内力和反力如图 1.11.2 所示，详细演算过程参见参考资料专著（6）第 90~95 页。

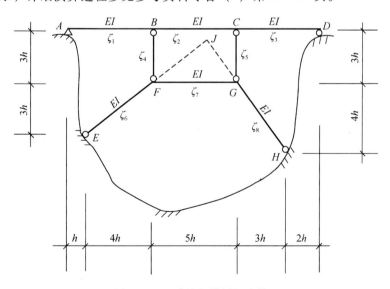

图 1.11.1　跨峡谷拱桥概略模型

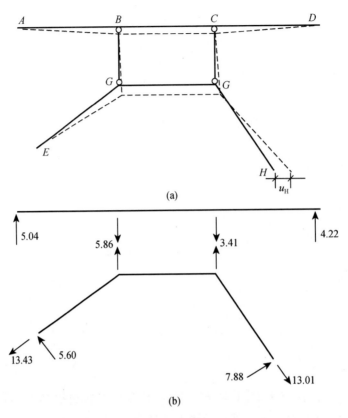

图 1.11.2　拱身和桥面体系的受载状态

（a）结点位移；（b）杆件内力和支座反力（$10^{-3}EIu_H h^{-3}$）

　　**例 1.11.2**　图 1.11.3 所示为一坡顶房屋框架概略模型。左侧承受水平荷载作用，解得变形、内力和反力如图 1.11.4 和 1.11.5 所示，演算过程参见参考资料专著（6）第 96～103 页。

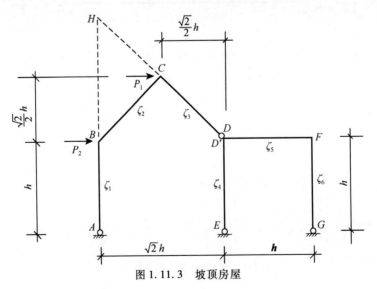

图 1.11.3　坡顶房屋

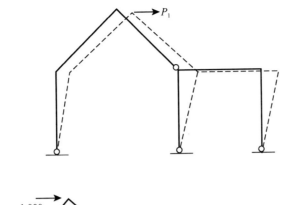

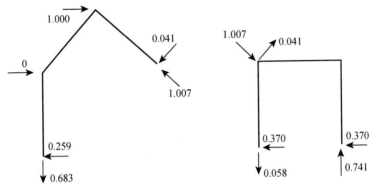

图 1.11.4 $P_1$ 作用下结构变形、支座反力（$f$）和内力

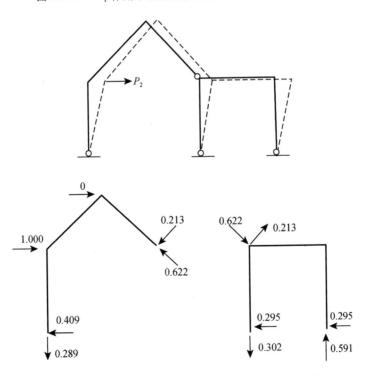

图 1.11.5 $P_2$ 作用下结构变形、支座反力和内力（$f$）

# 第二章 抗震结构力学

## 第一节 各阶自振频率——对应相等的结构振型未必对应相同

各阶自振频率——对应相等的两个结构，它们的振型是对应相同的吗？这问题若经突然提出，可能一些人会给出"想当然"的答复。但若郑重提出，并请仔细的思考后作答，可能另一些人会给出"未必如此"的答复。

以下选择两个结构就自由振动问题做推演和讨论。

一个伸臂结构如图 2.1.1 （a）所示，它是截面 $F_z$ 按直线规律：

$$F_z = \frac{F_h - F_0}{h}z + F_0 \tag{2.1.1}$$

变化的剪切梁。式（2.1.1）中，$z$ 为顺梁轴的坐标；$h$ 为梁长。

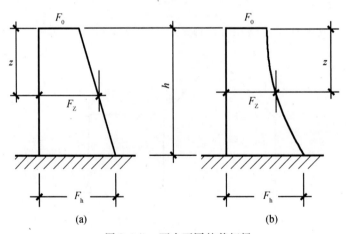

图 2.1.1 两个不同的剪切梁

将式（2.1.1）代入到自由振动方程：

$$\frac{\mathrm{d}}{\mathrm{d}z}\left(F_z\frac{\mathrm{d}u}{\mathrm{d}z}\right) + \frac{\omega^2 k\rho}{Gg}F_z u = 0 \tag{2.1.2}$$

可写出

$$\frac{\mathrm{d}^2 u}{\mathrm{d}z^2} + \frac{1}{z + \dfrac{\alpha h}{1-\alpha}}\frac{\mathrm{d}u}{\mathrm{d}z} + \frac{\omega^2}{a^2}u = 0 \tag{2.1.3}$$

式（2.1.2）和式（2.1.3）中，$G$ 为剪切模量；$g$ 为重力加速度；$k$ 为剪切梁的截面系数；$\rho$ 为材料容重；

$$a^2 = \frac{Gg}{k\rho} \tag{2.1.4}$$

$$\alpha = \frac{F_0}{F_h} \tag{2.1.5}$$

$\omega$ 为自振频率；$u$ 为振动位移。

令

$$x = z + \frac{\alpha h}{1-\alpha} \tag{2.1.6}$$

于是式（2.1.3）和梁端边界条件呈如下形式：

$$\frac{\mathrm{d}^2 u}{\mathrm{d}x^2} + \frac{1}{x}\frac{\mathrm{d}u}{\mathrm{d}x} + \frac{\omega^2}{a^2}u = 0 \tag{2.1.7}$$

$$x = \frac{\alpha h}{1-\alpha} \qquad \frac{\mathrm{d}u}{\mathrm{d}x} = 0 \qquad （自由端） \tag{2.1.8}$$

和

$$x = \frac{h}{1-\alpha} \qquad u = 0 \qquad （固定端） \tag{2.1.9}$$

式（2.1.7）的一般性解答为

$$u = C_1 J_0\left(\frac{\omega}{a}x\right) + C_2 Y_0\left(\frac{\omega}{a}x\right) \tag{2.1.10}$$

和

$$\frac{\mathrm{d}u}{\mathrm{d}x} = -C_1\frac{\omega}{a}J_1\left(\frac{\omega}{a}x\right) - C_2\frac{\omega}{a}Y_1\left(\frac{\omega}{a}x\right) \tag{2.1.11}$$

式（2.1.10）中，$J_0$ 和 $Y_0$ 为第一和第二类 0 阶贝塞尔函数。式（2.1.11）中，$J_1$ 和 $Y_1$ 为第一和第二类 1 阶贝塞尔函数。将边界条件代入式（2.1.10）及式（2.1.11）中，可得频率方程：

$$\begin{vmatrix} J_0\left[\dfrac{\omega h}{a(1-\alpha)}\right] & Y_0\left[\dfrac{\omega h}{a(1-\alpha)}\right] \\[4mm] J_1\left[\dfrac{\omega h\alpha}{a(1-\alpha)}\right] & Y_1\left[\dfrac{\omega h\alpha}{a(1-\alpha)}\right] \end{vmatrix} = 0 \tag{2.1.12}$$

或

$$J_0\left[\frac{\omega h}{a(1-\alpha)}\right]Y_1\left[\frac{\omega h\alpha}{a(1-\alpha)}\right] - J_1\left[\frac{\omega h\alpha}{a(1-\alpha)}\right]Y_0\left[\frac{\omega h}{a(1-\alpha)}\right] = 0 \tag{2.1.13}$$

振型的表达式应为

$$u_r(z) = C\left\{ J_0\left[\frac{\omega_r h}{a}\left(\frac{z}{h}+\frac{\alpha}{1-\alpha}\right)\right]\right.$$

$$\left.- \frac{J_1\left[\dfrac{\omega_r h\alpha}{a(1-\alpha)}\right]}{Y_1\left[\dfrac{\omega_r h\alpha}{a(1-\alpha)}\right]}Y_0\left[\frac{\omega_r h}{a}\left(\frac{z}{h}+\frac{\alpha}{1-\alpha}\right)\right]\right\} \tag{2.1.14}$$

另一个伸臂结构如图 2.1.1（b）所示，它是截面 $F_z$ 按双曲线规律：

$$F_z = \frac{F_0 h}{h - \dfrac{F_h - F_0}{F_h}z} \tag{2.1.15}$$

变化的剪切梁。

将式（2.1.15）代入式（2.1.2），得到自由振动方程：

$$\frac{\mathrm{d}^2 u}{\mathrm{d}z^2} + \frac{1}{\dfrac{h}{1-\alpha}-z}\frac{\mathrm{d}u}{\mathrm{d}z} + \frac{\omega^2}{a^2}u = 0 \tag{2.1.16}$$

令

$$x = \frac{h}{1-\alpha} - z \tag{2.1.17}$$

代入式（2.1.16），得

$$\frac{\mathrm{d}^2 u}{\mathrm{d}x^2} - \frac{1}{x}\frac{\mathrm{d}u}{\mathrm{d}x} + \frac{\omega^2}{a^2}u = 0 \tag{2.1.18}$$

边界条件为

$$x = \frac{h}{1-\alpha} \qquad \frac{\mathrm{d}u}{\mathrm{d}x} = 0 \qquad （自由端） \tag{2.1.19}$$

和

$$x = \frac{\alpha h}{1-\alpha} \qquad u = 0 \qquad （固定端） \tag{2.1.20}$$

式（2.1.18）的一般性解答为

$$u = C_1 x J_1\left(\frac{\omega x}{a}\right) + C_2 x Y_1\left(\frac{\omega x}{a}\right) \tag{2.1.21}$$

和

$$\frac{\mathrm{d}u}{\mathrm{d}x} = C_1 \frac{\omega}{a}x J_0\left(\frac{\omega x}{a}\right) + C_2 \frac{\omega}{a}x Y_0\left(\frac{\omega x}{a}\right) \tag{2.1.22}$$

将式（2.1.19）和式（2.1.20）引入式（2.1.21）和式（2.1.22）可得频率方程：

$$\begin{vmatrix} J_1\left[\dfrac{\omega h \alpha}{a(1-\alpha)}\right] & Y_1\left[\dfrac{\omega h \alpha}{a(1-\alpha)}\right] \\[2ex] J_0\left[\dfrac{\omega h}{a(1-\alpha)}\right] & Y_0\left[\dfrac{\omega h}{a(1-\alpha)}\right] \end{vmatrix} = 0 \tag{2.1.23}$$

即

$$J_1\left[\frac{\omega h \alpha}{a(1-\alpha)}\right]Y_0\left[\frac{\omega h}{a(1-\alpha)}\right] - J_0\left[\frac{\omega h}{a(1-\alpha)}\right]Y_1\left[\frac{\omega h \alpha}{a(1-\alpha)}\right] = 0 \tag{2.1.24}$$

解得自振频率 $\omega_r$ 以后，返回代入式（2.1.21）和式（2.1.22），便得相应的振型表达式：

$$u_r(z) = C\left(\frac{1}{1-\alpha} - \frac{z}{h}\right)\left\{J_1\left[\frac{\omega_r h}{a}\left(\frac{1}{1-\alpha} - \frac{z}{h}\right)\right]\right.$$

$$\left. - \frac{J_0\left[\dfrac{\omega_r h}{a(1-\alpha)}\right]}{Y_0\left[\dfrac{\omega_r h}{a(1-\alpha)}\right]}Y_1\left[\frac{\omega_r h}{a}\left(\frac{1}{1-\alpha} - \frac{z}{h}\right)\right]\right\} \tag{2.1.25}$$

$$u_r(z) = C\left(\frac{1}{1-\alpha} - \frac{z}{h}\right)\left\{J_1\left[\frac{\omega_r h}{a}\left(\frac{1}{1-\alpha} - \frac{z}{h}\right)\right]\right.$$

$$\left. - \frac{J_1\left[\frac{\omega_r h\alpha}{a(1-\alpha)}\right]}{Y_1\left[\frac{\omega_r h\alpha}{a(1-\alpha)}\right]}Y_1\left[\frac{\omega_r h}{a}\left(\frac{1}{1-\alpha} - \frac{z}{h}\right)\right]\right\} \qquad (2.1.26)$$

对比式（2.1.13）和式（2.1.24），二者完全相同。这表明这两个不同的结构的所有自振频率一一对应相等。

对比式（2.1.14）和式（2.1.25）或式（2.1.26），二者显然不相同。这就是作答"未必如此"的根据。

# 第二节　悬吊体系工程振动问题选析

工程实际中有多种多样的悬吊体系。悬吊体系一般由悬吊体与支承体系共同组成，前者悬吊在后者之下。悬吊体系种类甚多，这里不一一列举。

悬吊的方式有铰联、单链或多链悬吊、部分弹性约束及其他复杂的联结等。

就链杆与水平线的交角而言，悬吊的种类有铅垂悬吊，还有倾斜悬吊。

如果重物悬吊在刚性支座之下，悬吊体与刚性支座之间不存在相互作用。如果重物悬吊在弹性支架之下，悬吊体与弹性支承体系之间存在相互作用，二者应作为统一的体系进行分析。

如果悬索和长跨的梁分别联结和支承于支墩之上，悬索与梁之间用吊杆相联，那么，悬索与梁之间存在相互作用，这样的组合体系便是吊桥的雏形。

如果延伸很长很长的输电缆索支承在一系列塔架之上，这便是输电塔——电缆相互作用体系，塔缆二者也应作为统一的体系进行分析。

还有偏心悬吊、悬吊注液的容器、……等较复杂的情形。以下选择几种问题做议论。

**1. 垂链振动的频率方程**

图 2.2.1（a）所示为一条垂链，振动问题虽可用一些经典的力学方法来处理，但为了便于以下和支架的弹性振动联立求解，这里借用结构力学中的刚度系数法。

参照图 2.2.1（b）、（c）和（d），在小幅振动情形可求得刚度系数为

$$\left.\begin{aligned} k_{11} &= \frac{m_1 g}{l_1} \\ k_{21} &= -\frac{m_1 g}{l_1} \\ &\cdots \\ k_{i1} &= 0 \qquad (i = 3,4,\cdots,n,n+1) \end{aligned}\right\} \qquad (2.2.1)$$

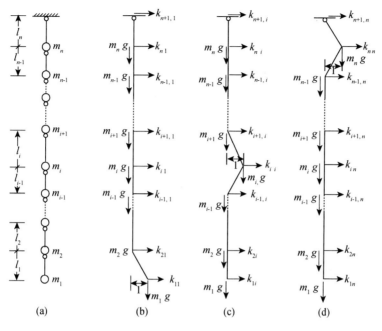

図 2.2.1 垂链

$$k_{1i} = 0$$
$$\cdots$$
$$k_{i-2,i} = 0$$
$$k_{i-1,i} = -\frac{g\sum\limits_{i=1}^{i-1}m_j}{l_{i-1}}$$
$$k_{ii} = \frac{g\sum\limits_{i=1}^{i-1}m_j}{l_{i-1}} + \frac{g\sum\limits_{j=1}^{i}m_j}{l_i}$$
$$k_{i+1,i} = -\frac{g\sum\limits_{j=1}^{i}m_j}{l_i}$$
$$k_{i+2,i} = 0$$
$$\cdots$$
$$k_{ni} = 0$$
$$k_{n+1,i} = 0$$

$(2.2.2)$

$$\left.\begin{aligned}
& k_{1n} = 0 \\
& \cdots \\
& k_{in} = 0 \qquad (i = 2,3,\cdots,n-2) \\
& \cdots \\
& k_{n-1,n} = -\frac{g\displaystyle\sum_{j=1}^{n-1} m_j}{l_{n-1}} \\
& k_{n,n} = \frac{g\displaystyle\sum_{j=1}^{n-1} m_j}{l_{n-1}} + \frac{g\displaystyle\sum_{j=1}^{n} m_j}{l_n} \\
& k_{n+1,n} = -\frac{g\displaystyle\sum_{j=1}^{n} m_j}{l_n}
\end{aligned}\right\} \qquad (2.2.3)$$

式中，$m_i$ 为集中质量；$l_i$ 为各段的长；$g$ 为重力加速度。可写出自由振动方程：

$$\left.\begin{aligned}
& \frac{m_1 g}{l_1}\bar{u}_1 - \frac{m_2 g}{l_1}\bar{u}_2 = m_1 \omega^2 \bar{u}_1 \\
& -\frac{m_1 g}{l_1}\bar{u}_1 + \left[\frac{m_1 g}{l_1} + \frac{(m_1+m_2)g}{l_2}\right]\bar{u}_2 - \frac{(m_1+m_2)g}{l_2}\bar{u}_3 = m_2 \omega^2 \bar{u}_2 \\
& \cdots \\
& -\frac{g\displaystyle\sum_{j=1}^{i-1} m_j}{l_{i-1}}\bar{u}_{i-1} + \left[\frac{g\displaystyle\sum_{j=1}^{i-1} m_j}{l_{i-1}} + \frac{g\displaystyle\sum_{j=1}^{i} m_j}{l_i}\right]\bar{u}_i - \frac{g\displaystyle\sum_{j=1}^{i} m_j}{l_i}\bar{u}_{i+1} = m_i \omega^2 \bar{u}_i \\
& \cdots \\
& -\frac{g\displaystyle\sum_{j=1}^{n-1} m_j}{l_{n-1}}\bar{u}_{n-1} + \left[\frac{g\displaystyle\sum_{j=1}^{n-1} m_j}{l_{n-1}} + \frac{g\displaystyle\sum_{j=1}^{n} m_j}{l_n}\right]\bar{u}_n = m_n \omega^2 \bar{u}_n
\end{aligned}\right\} \qquad (2.2.4)$$

式中，$u_i$ 为位移；$\bar{u}_i$ 为振型位移；$\omega$ 为自振频率。

于是，频率方程为式（2.2.5）。

此频率方程常供工程实际引用。

**2. 悬吊锅炉构架计算模型**

关于悬吊锅炉构架的振动模型，工程师与科研人员基本上取得共识，图 2.2.2 展示有代表性的计算简图。

由于简图的自由度甚多，使振动问题的求解十分烦琐。问题中较多兴趣的是锅炉"刚体"的转动与平移的耦联。

$$(2.2.5)$$

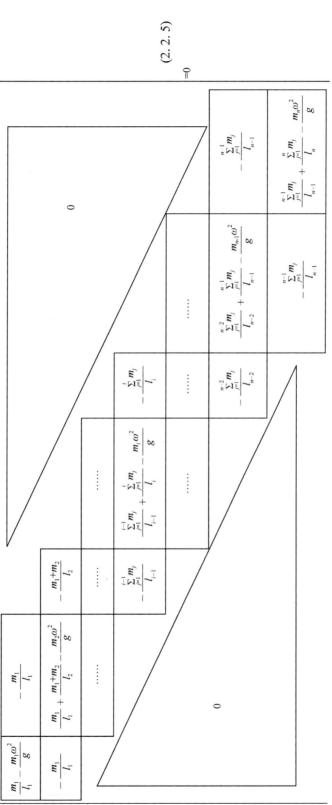

$$= 0$$

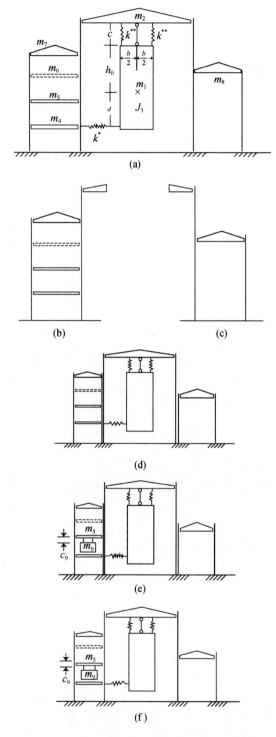

图 2.2.2　悬吊锅炉

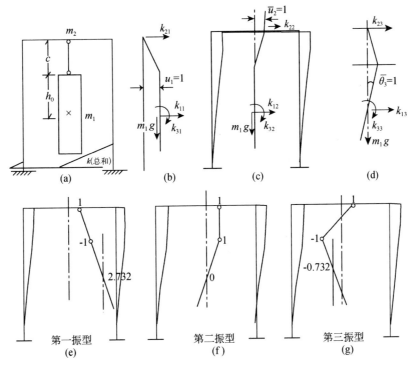

图 2.2.3　转动与平移耦联

现取简图如图 2.2.3 所示，求得刚度系数为

$$
\left.
\begin{aligned}
k_{11} &= \frac{m_1 g}{c} & k_{12} &= -\frac{m_1 g}{c} & k_{13} &= \frac{m_1 g h_0}{c} \\
k_{21} &= -\frac{m_1 g}{c} & k_{22} &= \frac{m_1 g}{c} + k & k_{23} &= -\frac{m_1 g h_0}{c} \\
k_{31} &= \frac{m_1 g h_0}{c} & k_{32} &= -\frac{m_1 g h_0}{c} & k_{33} &= \frac{m_1 g h_0}{c}(h_0 + c)
\end{aligned}
\right\}
\tag{2.2.6}
$$

采用符号：

$$
s = \frac{m_1 g}{c} \tag{2.2.7}
$$

写出自由振动方程：

$$
\left.
\begin{aligned}
s\bar{u}_1 - s\bar{u}_2 + s h_0 \bar{\theta}_3 &= m_1 \omega^2 \bar{u}_1 \\
-s\bar{u}_1 + (s + k)\bar{u}_2 - s h_0 \bar{\theta}_3 &= m_2 \omega^2 \bar{u}_2 \\
s h_0 \bar{u}_1 - s h_0 \bar{u}_2 + s h_0 (h_0 + c)\bar{\theta}_3 &= J_3 \omega^2 \bar{\theta}_3
\end{aligned}
\right\}
\tag{2.2.8}
$$

式中，$\theta_3$ 为悬吊刚体的转角；$J_3$ 为刚体绕质心的转动惯量。

为使计算简捷，取 $m_1 = m_2 = m$，$s = k$，$h_0 = c$，$J_3 = mc^2$，并采用符号 $u_3 = c\theta_3$，于是式（2.2.8）简化为

$$
\left.
\begin{array}{l}
k(\bar{u}_1 - \bar{u}_2 + \bar{u}_3) = m\omega^2 \bar{u}_1 \\
k(-\bar{u}_1 + 2\bar{u}_2 - \bar{u}_3) = m\omega^2 \bar{u}_2 \\
k(\bar{u}_1 - \bar{u}_2 + 2\bar{u}_3) = m\omega^2 \bar{u}_3
\end{array}
\right\}
\tag{2.2.9}
$$

频率方程为

$$
\begin{vmatrix}
1 - \dfrac{c\omega^2}{g} & -1 & 1 \\[2mm]
-1 & 2 - \dfrac{c\omega^2}{g} & -1 \\[2mm]
1 & -1 & 2 - \dfrac{c\omega^2}{g}
\end{vmatrix} = 0
\tag{2.2.10}
$$

解得

$$
\omega_1 = 0.518\sqrt{\dfrac{g}{c}} \qquad \omega_2 = \sqrt{\dfrac{g}{c}} \qquad \omega_3 = 1.932\sqrt{\dfrac{g}{c}}
\tag{2.2.11}
$$

相应的振型示如图 2.2.3。

还可举出另一个例子做比较。取 $m_1 = m$，$m_2 = 4m$，可解得自振频率：

$$
\omega_1 = 0.421\sqrt{\dfrac{g}{c}} \qquad \omega_2 = 0.707\sqrt{\dfrac{g}{c}} \qquad \omega_3 = 1.68\sqrt{\dfrac{g}{c}}
\tag{2.2.12}
$$

振型示如图 2.2.4。

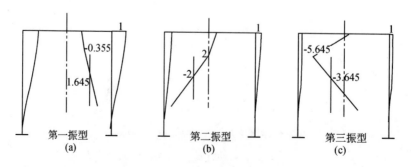

图 2.2.4 转动与平移耦联另例

**3. 适合用"静力法"做抗震分析的悬吊体系**

早先出现的结构抗震分析方法有所谓的"静力法",未考虑结构的固有动力特性。随后出现的"改进的静力法"初步简单地考虑了结构的固有动力特性。当今的抗震分析方法通过深入研究,更加合理地考虑了结构的固有动力特性,出现了适用于多种情形、不止一种形式的"动力法"。

严格地说,"静力法"不仅不适用于一般结构,即使是刚性结构(固有周期短),甚至是极刚性结构(固有周期很短)也不适用。"静力法"仅适用于"绝对刚性结构"。

实际中并无"绝对刚性结构",这里试举出一种特定情形,适用于用"静力法"做抗震分析。

图2.2.5(a)所示为一悬吊体系,图中的曲(折)线表示重力作用下集中质量 $m_i$ 的静力平衡位置。图2.2.5(b)所示为展现静力平衡的多边形图,与图2.2.5(a)相对应。

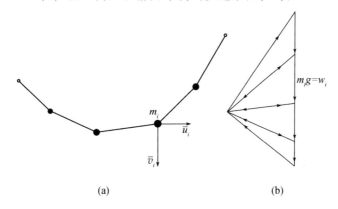

图2.2.5　悬吊体系
(a)集中质量的平衡位置;(b)力多边形图

悬吊体系的振型位移 $\bar{u}_{ir}$(水平向)和 $\bar{v}_{ir}$(竖向)以及相应的频率 $\omega_r$ 由集中质量和重力刚度确定;$r$ 为振型序号。

参照弹性地震力理论,在竖向地面运动激励下,振型参与因数为

$$\eta_{vr} = \frac{\sum_i m_i \bar{v}_{ir}}{\sum_i m_i (\bar{u}_{ir}^2 + \bar{v}_{ir}^2)} \tag{2.2.13}$$

此式右侧分子可以表为

$$\sum_i m_i \bar{v}_{ir} = \frac{1}{g} \sum_i W_i \bar{v}_{ir} \tag{2.2.14}$$

式中,$g$ 为重力加速度;$W_i$ 为集中重量。

集中重量与其支座反力共同组成一组平衡力系，位移 $\bar{v}_{ir}$ 以及相应的位移 $\bar{u}_{ir}$ 是几何可能位移，因而根据结构力学中的虚位移原理，应有

$$\sum_i m_i \bar{v}_{ir} = 0 \qquad (2.2.15)$$

于是，

$$\eta_{vr} = 0 \qquad (2.2.16)$$

这就表明，在竖向地面运动激励下，图 2.2.5 所示悬吊体系不产生重力振动，适合于用"静力法"做抗震分析。

**4. "无限长"悬吊体系的合理试验布置**

图 2.2.6（a）所示为"无限多"等跨度的输电塔—电缆体系某一跨的简图。根据研究，在侧向地面运动激励下，合理的抗震分析模型如图 2.2.6（b）所示。这是一个由伸臂杆与垂链共同组成的弹性-重力耦联体系，体系的刚度矩阵如下式所表。

$$
[k] = \begin{bmatrix} [k]_{\text{垂链}} & [k]_{\text{耦联}} \\ [k]_{\text{耦联}} & [k]_{\text{伸臂梁}} \end{bmatrix}
$$

$$
= \begin{bmatrix}
k_{11} & k_{12} & & & & & & \\
k_{21} & k_{22} & k_{23} & & & & 0 & \\
& k_{32} & k_{33} & k_{34} & & & & \\
& & k_{43} & k_{44} & k_{4A} & & & \\
& & & k_{A4} & k_{AA} & k_{AB} & k_{AC} & \\
& 0 & & & k_{BA} & k_{BB} & k_{BC} & \\
& & & & k_{CA} & k_{CB} & k_{CC} &
\end{bmatrix} \qquad (2.2.17)
$$

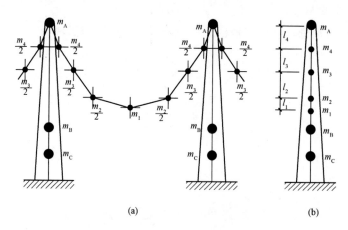

(a)　　　　　　　　　(b)

图 2.2.6　弹性-重力耦联体系

（a）输电塔—电缆体系；（b）伸臂梁—垂链体系

参照式（2.2.1）至式（2.2.3），式（2.2.17）中，垂链刚度矩阵为

$$[k]_{\text{垂链}}=$$

$$g\begin{bmatrix} \dfrac{m_1}{l_1} & -\dfrac{m_1}{l_1} & 0 & 0 \\[2mm] -\dfrac{m_1}{l_1} & \dfrac{m_1}{l_1}+\dfrac{m_1+m_2}{l_2} & -\dfrac{m_1+m_2}{l_2} & 0 \\[2mm] 0 & -\dfrac{m_1+m_2}{l_2} & \dfrac{m_1+m_2}{l_2}+\dfrac{m_1+m_2+m_3}{l_3} & -\dfrac{m_1+m_2+m_3}{l_3} \\[2mm] 0 & 0 & -\dfrac{m_1+m_2+m_3}{l_3} & \dfrac{m_1+m_2+m_3}{l_3}+\dfrac{m_1+m_2+m_3+m_4}{l_4} \end{bmatrix}$$

$$(2.2.18)$$

式中，$l_i$ 为各链段的长度 [图 2.2.6（b）]。

　　工程设计常需借助振动台试验来校核计算分析结果。无限长的体系不能任意截取，振动台的台面又不能"无限"扩延，那么，这个无限多跨度的体系模型如何在振动台的有限台面上实现呢？

　　试建议用图 2.2.7（a）所示模型替代图 2.2.6（a），左侧 $\dfrac{m_1}{2}$ 质量与右侧 $\dfrac{m_1}{2}$ 质量之间设置一质量可不计及的刚性撑杆。悬吊体的平衡和各段缆索曲（折）线的斜率如力多边形图所展示 [图 2.2.7（b）]，$W_i=m_i g$，为集中重量。这样一来，输电塔—电缆体系得以合理地截取，振动台的台面也就无须扩延。

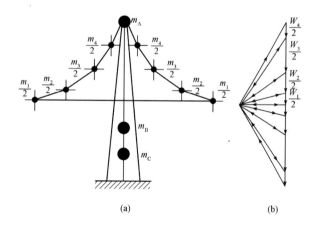

图 2.2.7　建议的替代模型

（a）输电塔—电缆体系；（b）力多边形图

撑杆的制作须确保轴向刚性。

撑杆的质量尽可能小，此不大的质量应为质量 $m_1$ 的组成部分。

由于撑杆的设置，图 2.2.6（a）中质量 $m_1$ 的受力状态［图 2.2.8（a）］改变成为图 2.2.7（a）中质量 $m_1$ 的受力状态［图 2.2.8（b）］。

振动台试验过程中，撑杆应能保持水平方向，不偏转。

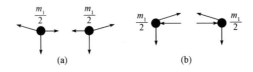

图 2.2.8　质量 $m_1$ 受力状态的改变

## 第三节　少为人知的 Duhamel 积分的 1962 数值解

基底运动激起的振子的相对位移 $\delta(t)$ 为下列振动方程的解：

$$\ddot{\delta} + 2\mu\dot{\delta} + \omega^2\delta = -\ddot{\delta}_g \qquad (2.3.1)$$

式中，$\mu$ 为阻尼系数；$\omega$ 为自振频率；$\delta_g(t)$ 为基底运动位移；$t$ 为时间。对于给定的地面运动记录，相对位移 $\delta(t)$、相对速度 $v(t)[=\dot{\delta}(t)]$ 和绝对加速度 $a(t)[=\ddot{\delta}(t)+\ddot{\delta}_g(t)]$ 的最大值 $\Delta = \Delta(\omega, \mu)$、$V = V(\omega, \mu)$ 和 $A = A(\omega, \mu)$ 分别称为位移反应谱、速度反应谱和加速度反应谱。式（2.3.1）的一般解习称为 Duhamel 积分。

地面运动加速度记录 $\ddot{\delta}_g(t) = \alpha(t)$ 可看作是由一系列突变的折线组合而成（图 2.3.1）。为了研究复杂的记录 $\alpha(t)$ 引起的振子反应，可先研究图 2.3.1 中阴影部分记录引起的反应，然后再做进一步的处理。

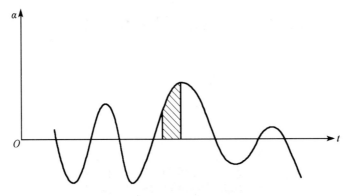

图 2.3.1　地面运动加速度记录（之一）

式（2.3.1）可改写为

$$\ddot{\delta} + 2\mu\dot{\delta} + \omega^2\delta = -\alpha(t) \tag{2.3.2}$$

图 2.3.2 中斜线的方程式为

$$\alpha = \alpha_1\left(1 - \frac{\tau}{t_2 - t_1}\right) + \alpha_2\left(\frac{\tau}{t_2 - t_1}\right) \tag{2.3.3}$$

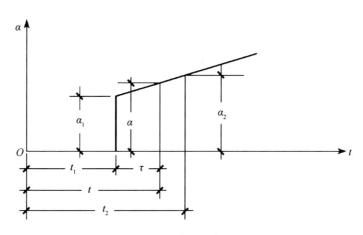

图 2.3.2　地面运动加速度记录（之二）

根据初始条件，

$$\delta_{t=t_1} = \delta_{\tau=0} = \delta_1 \tag{2.3.4}$$

$$\dot{\delta}_{t=t_1} = \dot{\delta}_{\tau=0} = v_1 \tag{2.3.5}$$

对式（2.3.2）和式（2.3.3）做 Laplace 变换，解得

$$\begin{aligned}
\Delta(p) =& \left[1 - \frac{\omega^2}{\theta(p)}\right]\delta_1 + \frac{p}{\theta(p)}v_1 \\
&+ \frac{1}{\omega^2(t_2 - t_1)}\left[\frac{1}{p} - \frac{p + 2\mu + \omega^2(t_2 - t_1)}{\theta(p)}\right]\alpha_1 \\
&+ \frac{1}{\omega^2(t_2 - t_1)}\left[\frac{p + 2\mu}{\theta(p)} - \frac{1}{p}\right]\alpha_2
\end{aligned} \tag{2.3.6}$$

式中,

$$\theta(p) = p^2 + 2\mu p + \omega^2 \tag{2.3.7}$$

对式 (2.3.6) 做 Laplace 反变换, 便有

$$
\begin{aligned}
\delta(\tau) &= \delta_1 e^{-\mu\tau}\left(\cos\omega'\tau + \frac{\mu}{\omega'}\sin\omega'\tau\right) + v_1 \frac{e^{-\mu\tau}}{\omega'}\sin\omega'\tau \\
&+ \alpha_1\left(\frac{\tau}{\omega^2(t_2 - t_1)} - \frac{1}{\omega^2}\left[1 + \frac{2\mu}{\omega^2(t_2 - t_1)}\right]\right. \\
&+ e^{-\mu\tau}\left\{\frac{1}{\omega^2}\left[1 + \frac{2\mu}{\omega^2(t_2 - t_1)}\right]\cos\omega'\tau\right. \\
&\left.+ \frac{1}{\omega'\omega^2}\left[\mu - \frac{\omega'^2 - \mu^2}{\omega^2(t_2 - t_1)}\right]\sin\omega'\tau\right\}\right) \\
&+ \alpha_2\left(\frac{2\mu}{\omega^4(t_2 - t_1)} - \frac{\tau}{\omega^2(t_2 - t_1)}\right. \\
&\left.+ e^{-\mu\tau}\left\{\frac{\omega'^2 - \mu^2}{\omega'\omega^4(t_2 - t_1)}\sin\omega'\tau - \frac{2\mu}{\omega^4(t_2 - t_1)}\cos\omega'\tau\right\}\right) \tag{2.3.8}
\end{aligned}
$$

式中,

$$\omega'^2 = \omega^2 - \mu^2 \tag{2.3.9}$$

$\omega'$ 是阻尼自振频率。

现在将 $\tau = t_2 - t_1$ 代入式 (2.3.8), 并令

$$\varepsilon = \frac{\mu}{\omega}(阻尼比) \tag{2.3.10}$$

$$z = \omega'(t_2 - t_1) \tag{2.3.11}$$

$$\bar{\delta} = \omega'^2\delta \tag{2.3.12}$$

$$\bar{v} = \omega'v \tag{2.3.13}$$

可得

$$\bar{\delta}_2 = \bar{\delta}_1 C + \bar{v}_1 D + \alpha_1 E + \alpha_2 F \tag{2.3.14}$$

式中,

$$C = \mathrm{e}^{-\frac{\varepsilon z}{\sqrt{1-\varepsilon^2}}}\left(\cos z + \frac{\varepsilon}{\sqrt{1-\varepsilon^2}}\sin z\right)$$

$$D = \mathrm{e}^{-\frac{\varepsilon z}{\sqrt{1-\varepsilon^2}}}\sin z$$

$$E = \frac{2\varepsilon(1-\varepsilon^2)^{\frac{3}{2}}}{z} - \mathrm{e}^{-\frac{\varepsilon z}{\sqrt{1-\varepsilon^2}}}\left\{\left[(1-\varepsilon^2) + \frac{2\varepsilon(1-\varepsilon^2)^{\frac{3}{2}}}{z}\right]\cos z\right.$$
$$\left. + \left[\varepsilon\sqrt{1-\varepsilon^2} - \frac{(1-\varepsilon^2)(1-2\varepsilon^2)}{z}\right]\sin z\right\}$$

$$F = (1-\varepsilon^2) - \frac{2\varepsilon(1-\varepsilon^2)^{\frac{3}{2}}}{z}$$
$$+ \mathrm{e}^{-\frac{\varepsilon z}{\sqrt{1-\varepsilon^2}}}\left\{\frac{2\varepsilon(1-\varepsilon^2)^{\frac{3}{2}}}{z}\cos z - \frac{(1-\varepsilon^2)(1-2\varepsilon^2)}{z}\sin z\right\}$$

(2.3.15)

基于式 (2.3.6) 对 $p[\Delta(p) - \delta_1]$ 做 Laplace 反变换，得到

$$v(\tau) = \delta_1\left[-\frac{\omega^2}{\omega'}\mathrm{e}^{-\mu\tau}\sin\omega'\tau\right] + v_1\left[\mathrm{e}^{-\mu\tau}\left(\cos\omega'\tau - \frac{\mu}{\omega'}\sin\omega'\tau\right)\right]$$
$$+ \alpha_1\left\{\frac{1}{\omega^2(t_2-t_1)} - \mathrm{e}^{-\mu\tau}\left[\frac{1}{\omega^2(t_2-t_1)}\cos\omega'\tau + \frac{1}{\omega'}\left(1 + \frac{\mu}{\omega^2(t_2-t_1)}\right)\sin\omega'\tau\right]\right\}$$
$$+ \alpha_2\left\{\mathrm{e}^{-\mu\tau}\left[\frac{1}{\omega^2(t_2-t_1)}\cos\omega'\tau + \frac{\mu}{\omega'\omega^2(t_2-t_1)}\sin\omega'\tau\right] - \frac{1}{\omega^2(t_2-t_1)}\right\} \quad (2.3.16)$$

又将 $\tau = t_2 - t_1$ 代入式 (2.3.16)，便有

$$\overline{v}_2 = \overline{\delta}_1 G + \overline{v}_1 H + \alpha_1 I + \alpha_2 J \tag{2.3.17}$$

式中，

$$G = -\frac{1}{1-\varepsilon^2}\mathrm{e}^{-\frac{\varepsilon z}{\sqrt{1-\varepsilon^2}}}\cdot\sin z$$

$$H = \mathrm{e}^{-\frac{\varepsilon z}{\sqrt{1-\varepsilon^2}}}\left(\cos z - \frac{\varepsilon}{\sqrt{1-\varepsilon^2}}\sin z\right)$$

$$I = -\frac{1-\varepsilon^2}{z} + \mathrm{e}^{-\frac{\varepsilon z}{\sqrt{1-\varepsilon^2}}}\left[\frac{1-\varepsilon^2}{z}\cos z + \left(1 + \frac{\varepsilon\sqrt{1-\varepsilon^2}}{z}\right)\sin z\right]$$

$$J = \frac{1-\varepsilon^2}{z} - \mathrm{e}^{-\varepsilon z}\left[\frac{1-\varepsilon^2}{z}\cos z + \frac{\varepsilon\sqrt{1-\varepsilon^2}}{z}\sin z\right]$$

(2.3.18)

以下开始推演连锁计算公式。

（1）相对位移。

令 $t_3 - t_2 = t_2 - t_1$，参照图 2.3.3，写出

$$\bar{\delta}_3 = \bar{\delta}_2 C + \bar{v}_2 D + \alpha_2 E + \alpha_3 F \tag{2.3.19}$$

此式与式（2.3.14）相似。

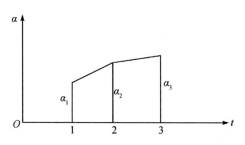

图 2.3.3　地面运动加速度记录（之三）

自式（2.3.14）、式（2.3.17）和式（2.3.19）中消去 $\bar{v}_1$ 和 $\bar{v}_2$，可得到相对位移的连锁计算公式。

$$\bar{\delta}_3 = \bar{\delta}_1 \Phi + \bar{\delta}_2 \Psi + \alpha_1 L_\delta + \alpha_2 M_\delta + \alpha_3 N_\delta \tag{2.3.20}$$

式中，

$$\left.\begin{aligned}
\Phi &= DG - CH \\
\Psi &= H + C \\
L_\delta &= DI - EH \\
M_\delta &= DJ - FH + E \\
N_\delta &= F
\end{aligned}\right\} \tag{2.3.21}$$

如果连锁计算全过程中所有时步都相等，即 $t_2 - t_1 = t_3 - t_2 = \cdots = t_i - t_{i-1}$，则式（2.3.20）可改写为下列一般性形式：

$$\bar{\delta}_i = \bar{\delta}_{i-2} \Phi + \bar{\delta}_{i-1} \Psi + \alpha_{i-2} L_\delta + \alpha_{i-1} M_\delta + \alpha_i N_\delta \qquad (i = 2,3,\cdots) \tag{2.3.22}$$

根据初始条件，$\delta_0 = v_0 = 0$，即有

$$\bar{\delta}_0 = 0 \tag{2.3.23}$$

参照式（2.3.14），易于求得

$$\overline{\delta}_1 = \alpha_0 K_\delta + \alpha_1 N_\delta \qquad (K_\delta = E) \qquad (2.3.24)$$

（2）相对速度。

与式（2.3.17）相似的式子是

$$\overline{v}_3 = \overline{\delta}_2 G + \overline{v}_2 H + \alpha_2 I + \alpha_3 J \qquad (2.3.25)$$

于是自式（2.3.14）、式（2.3.17）和式（2.3.25）消去 $\overline{\delta}_1$ 和 $\overline{\delta}_2$，即可得到相对速度的连锁计算公式，其一般性形式为

$$\overline{v}_i = \overline{v}_{i-2} \varPhi + \overline{v}_{i-1} \varPsi + \alpha_{i-2} L_v + \alpha_{i-1} M_v + \alpha_i N_v \qquad (i = 2, 3, \cdots) \qquad (2.3.26)$$

式中，

$$\left.\begin{array}{l} L_v = EG - CI \\ M_v = FG - CJ + I \\ N_v = J \end{array}\right\} \qquad (2.3.27)$$

相应于式（2.3.23）和式（2.3.24），有

$$\overline{v}_0 = 0 \qquad (2.3.28)$$

$$\overline{v}_1 = \alpha_0 K_v + \alpha_1 N_v \qquad (K_v = I) \qquad (2.3.29)$$

（3）绝对加速度。

绝对加速度是相对加速度 $\ddot{\delta}$ 与地面运动加速度 $\ddot{\delta}_g$（或 $\alpha$）之和：

$$a = \ddot{\delta} + \alpha = -2\mu\dot{\delta} - \omega^2\delta = -\frac{2\varepsilon}{\sqrt{1-\varepsilon^2}}\overline{v} - \frac{1}{1-\varepsilon^2}\overline{\delta} \qquad (2.3.30)$$

将相对位移和相对速度的连锁公式做组合，给出

$$a_i = a_{i-2}\varPhi + a_{i-1}\varPsi + \alpha_{i-2}L_a + \alpha_{i-1}M_a + \alpha_i N_a \qquad (i = 2, 3, \cdots) \qquad (2.3.31)$$

$$a_0 = 0 \qquad (2.3.32)$$

$$a_1 = \alpha_0 K_a + \alpha_1 N_a \qquad (2.3.33)$$

以上三式中，

$$L_a = -\frac{2\varepsilon}{\sqrt{1-\varepsilon^2}}L_v - \frac{1}{1-\varepsilon^2}L_\delta$$

$$M_a = -\frac{2\varepsilon}{\sqrt{1-\varepsilon^2}}M_v - \frac{1}{1-\varepsilon^2}M_\delta \qquad (2.3.34)$$

$$N_a = -\frac{2\varepsilon}{\sqrt{1-\varepsilon^2}}N_v - \frac{1}{1-\varepsilon^2}N_\delta$$

还有

$$K_a = -\frac{2\varepsilon}{\sqrt{1-\varepsilon^2}}K_v - \frac{1}{1-\varepsilon^2}K_\delta \qquad (2.3.35)$$

（4）位移、速度和加速度的统一形式公式。

以上的相对位移、相对速度和绝对加速度的连锁计算公式可以写成统一的形式：

$$r_0 = 0$$
$$r_1 = \alpha_0 K_r + \alpha_1 N_r$$
$$r_i = r_{i-2}\Phi + r_{i-1}\Psi + \alpha_{i-2}L_r + \alpha_{i-1}M_r + \alpha_i N_r \qquad (i = 2,3,\cdots) \qquad (2.3.36)$$

式（2.3.36）中，函数 $\Phi$ 和 $\Psi$ 是一样的，但函数 $K_r$、$L_r$、$M_r$ 和 $N_r$ 因反应的类别不同而不同。

$\Phi$、$\Psi$、$K_r$、$L_r$、$M_r$ 和 $N_r$ 的函数值列于表 2.3.1 和表 2.3.2 中。

这些公式都是经精确推演而得，没有引入数值近似计算带来的误差。这样计算反应谱的方法属于"精确法"。

以上方法（连锁计算公式）正式发表于 1962 年，虽还不是鲜为人知，但却是少为人知，是一憾事。

表 2.3.1 函数 $\Phi$、$\Psi$、$L$、$M$、$N$、$K$

$(\varepsilon = 0.05, \Delta t = 0.02s)$

| | | T/s | 0.10 | 0.15 | 0.20 | 0.25 | 0.40 | 0.50 | 0.60 | 0.80 | 1.00 | 1.40 | 2.00 |
|---|---|---|---|---|---|---|---|---|---|---|---|---|---|
| | | z | $2\pi/5$ | $4\pi/15$ | $\pi/5$ | $4\pi/25$ | $\pi/10$ | $2\pi/25$ | $\pi/15$ | $\pi/20$ | $\pi/25$ | $\pi/35$ | $\pi/50$ |
| $\Phi$ | | $DG-CH$ | -0.88530 | -0.92229 | -0.94051 | -0.95177 | -0.96927 | -0.97527 | -0.97932 | -0.98443 | -0.98751 | -0.99106 | -0.99373 |
| $\Psi$ | | $H+C$ | 0.59472 | 1.28784 | 1.56990 | 1.71008 | 1.87268 | 1.91308 | 1.93597 | 1.95994 | 1.97180 | 1.98302 | 1.98979 |
| 位移 | $L$ | $DI-EH$ | 0.22111 | 0.10603 | 0.06153 | 0.04004 | 0.01599 | 0.01030 | 0.00718 | 0.00406 | 0.00261 | 0.00133 | 0.00066 |
| | $M$ | $DJ-FH+E$ | 0.84119 | 0.41800 | 0.24512 | 0.16015 | 0.06413 | 0.04132 | 0.02881 | 0.01628 | 0.01045 | 0.00534 | 0.00262 |
| | $N$ | $N=F$ | 0.23587 | 0.11063 | 0.06351 | 0.04106 | 0.01624 | 0.01043 | 0.00726 | 0.00409 | 0.00262 | 0.00134 | 0.00066 |
| | $K$ | $K=E$ | 0.42759 | 0.21125 | 0.12354 | 0.08058 | 0.03219 | 0.02073 | 0.01444 | 0.00816 | 0.00523 | 0.00267 | 0.00131 |
| 速度 | $L$ | $EG-CI$ | -0.51034 | -0.37485 | -0.29198 | -0.23818 | -0.15260 | -0.12294 | -0.10290 | -0.07756 | -0.06223 | -0.04458 | -0.03127 |
| | $M$ | $EG-CJ+I$ | -0.03045 | -0.01259 | -0.00685 | -0.00431 | -0.00165 | -0.00105 | -0.00073 | -0.00041 | -0.00026 | -0.00013 | -0.00007 |
| | $N$ | $N=J$ | 0.52796 | 0.38420 | 0.29770 | 0.24201 | 0.15417 | 0.12396 | 0.10361 | 0.07797 | 0.06249 | 0.04472 | 0.03134 |
| | $K$ | $K=I$ | 0.36511 | 0.32842 | 0.27188 | 0.22777 | 0.15002 | 0.12162 | 0.10213 | 0.07724 | 0.06206 | 0.04452 | 0.03125 |
| 加速度 | $L$ | 式(2.3.34) | -0.17057 | -0.06876 | -0.03245 | -0.01629 | -0.00075 | 0.00199 | 0.00310 | 0.00370 | 0.00362 | 0.00313 | 0.00248 |
| | $M$ | 式(2.3.34) | -0.84025 | -0.41779 | -0.24505 | -0.16012 | -0.06413 | -0.04132 | -0.02881 | -0.01628 | -0.01045 | -0.00534 | -0.00262 |
| | $N$ | 式(2.3.34) | -0.28932 | -0.14937 | -0.09348 | -0.06540 | -0.03172 | -0.02287 | -0.01765 | -0.01191 | -0.00889 | -0.00582 | -0.00380 |
| | $K$ | 式(2.3.35) | -0.46522 | -0.24466 | -0.15107 | -0.10399 | -0.04730 | -0.03256 | -0.02471 | -0.01591 | -0.01146 | -0.00714 | -0.00445 |

表 2.3.2  函数 Φ、Ψ、L、M、N、K

$(\varepsilon = 0.1, \Delta t = 0.02\text{s})$

| | | | T/s 0.10 | 0.15 | 0.20 | 0.25 | 0.40 | 0.50 | 0.60 | 0.80 | 1.00 | 1.40 | 2.00 |
|---|---|---|---|---|---|---|---|---|---|---|---|---|---|
| | | z | $2\pi/5$ | $4\pi/15$ | $\pi/5$ | $4\pi/25$ | $\pi/10$ | $2\pi/25$ | $\pi/15$ | $\pi/20$ | $\pi/25$ | $\pi/35$ | $\pi/50$ |
| Φ | | $DG-CH$ | -0.78188 | -0.84980 | -0.88405 | -0.90547 | -0.93925 | -0.95097 | -0.95892 | -0.96898 | -0.97509 | -0.98213 | -0.98745 |
| Ψ | | $H+C$ | 0.57177 | 1.23894 | 1.52284 | 1.66827 | 1.84349 | 1.88911 | 1.91570 | 1.94450 | 1.95936 | 1.97407 | 1.98349 |
| 位移 | L | $DI-EH$ | 0.20094 | 0.09951 | 0.05867 | 0.03855 | 0.01561 | 0.01010 | 0.00707 | 0.00401 | 0.00258 | 0.00132 | 0.00065 |
| | M | $DJ-FH+E$ | 0.79004 | 0.40082 | 0.23751 | 0.15615 | 0.06313 | 0.04080 | 0.02851 | 0.01615 | 0.01038 | 0.00532 | 0.00261 |
| | N | $N=F$ | 0.22877 | 0.10835 | 0.06253 | 0.04055 | 0.01611 | 0.01036 | 0.00722 | 0.00408 | 0.00261 | 0.00134 | 0.00066 |
| | K | $K=E$ | 0.40820 | 0.20473 | 0.12066 | 0.07907 | 0.03181 | 0.02053 | 0.01433 | 0.00811 | 0.00521 | 0.00267 | 0.00131 |
| 速度 | L | $EG-CI$ | -0.47274 | -0.35554 | -0.28036 | -0.23047 | -0.14944 | -0.12090 | -0.10147 | -0.07675 | -0.06170 | -0.04431 | -0.03114 |
| | M | $FG-CJ+I$ | -0.05684 | -0.02414 | -0.01329 | -0.00842 | -0.00327 | -0.00209 | -0.00145 | -0.00082 | -0.00052 | -0.00027 | -0.00013 |
| | N | $N=J$ | 0.50688 | 0.37371 | 0.29154 | 0.23798 | 0.15256 | 0.12292 | 0.10289 | 0.07756 | 0.06222 | 0.04458 | 0.03127 |
| | K | $K=I$ | 0.33133 | 0.30942 | 0.26027 | 0.22004 | 0.14686 | 0.11957 | 0.10070 | 0.07643 | 0.06154 | 0.04425 | 0.03112 |
| 加速度 | L | 式(2.3.34) | -0.10795 | -0.02904 | -0.00291 | 0.00739 | 0.01427 | 0.01410 | 0.01326 | 0.01138 | 0.00980 | 0.00757 | 0.00560 |
| | M | 式(2.3.34) | -0.78660 | -0.40001 | -0.23724 | -0.15604 | -0.06311 | -0.04080 | -0.02851 | -0.01615 | -0.01038 | -0.00532 | -0.00261 |
| | N | 式(2.3.34) | -0.33297 | -0.18457 | -0.12176 | -0.08880 | -0.04694 | -0.03518 | -0.02797 | -0.01971 | -0.01515 | -0.01031 | -0.00695 |
| | K | 式(2.3.35) | -0.47892 | -0.26899 | -0.17419 | -0.12410 | -0.06166 | -0.04477 | -0.03472 | -0.02355 | -0.01763 | -0.01159 | -0.00758 |

# 第四节　厂区延伸管架的极值地震反应

架空煤气管线常遍布大工厂的广阔区域。管架高低不等，延伸线路曲折、不规则，管道内壁多有锈蚀，外皮多有修补、加厚。抗震计算模型不易合理选取。

为着手抗震校核，截取适当范围的管线做分析（图2.4.1、图2.4.2），取坐标轴如图中所示。忽略管的轴向变形，忽略支架的竖向变形，仅考虑支架顶部集中质量的水平（$x$，$z$）向位移是因管的支架的挠曲变形引起。于是，图2.4.1中的管架模型的自由度为

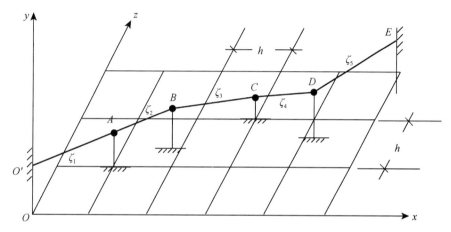

图 2.4.1　管架模型（3自由度）

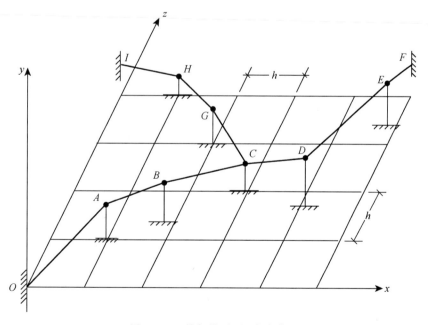

图 2.4.2　管架模型（5自由度）

$$2 \times 4 - 5 = 3 \tag{2.4.1}$$

图 2.4.2 中的管架模型的自由度为

$$2 \times 7 - 9 = 5 \tag{2.4.2}$$

设 $u$ 和 $w$ 分别为 $x$ 方向和 $z$ 方向的水平位移，$\zeta$ 为管段轴线的转动（沿水平顺时针向为正），对于图 2.4.1，写出

$$\left.\begin{aligned}
u_0 &= 0 \\
u_A &= \zeta_1 h \\
u_B &= \zeta_1 h \\
u_C &= (\zeta_1 + \zeta_3)h \\
u_D &= (\zeta_1 + \zeta_3)h \\
u_E &= (\zeta_1 + \zeta_3 + \zeta_5)h
\end{aligned}\right\} \tag{2.4.3}$$

和

$$\left.\begin{aligned}
w_0 &= 0 \\
w_A &= -\zeta_1 h \\
w_B &= -(\zeta_1 + \zeta_2)h \\
w_C &= -(\zeta_1 + \zeta_2 + \zeta_3)h \\
w_D &= -(\zeta_1 + \zeta_2 + \zeta_3 + \zeta_4)h \\
w_E &= -(\zeta_1 + \zeta_2 + \zeta_3 + \zeta_4 + \zeta_5)h
\end{aligned}\right\} \tag{2.4.4}$$

于是解得

$$\left\{\begin{matrix} \zeta_4 \\ \zeta_5 \end{matrix}\right\} = \begin{bmatrix} 0 & -1 & 0 \\ -1 & 0 & -1 \end{bmatrix} \left\{\begin{matrix} \zeta_1 \\ \zeta_2 \\ \zeta_3 \end{matrix}\right\} \tag{2.4.5}$$

$$\left\{\begin{matrix} u_A \\ w_B \\ u_C \end{matrix}\right\} = h \begin{bmatrix} 1 & 0 & 0 \\ -1 & -1 & 0 \\ 1 & 0 & 1 \end{bmatrix} \left\{\begin{matrix} \zeta_1 \\ \zeta_2 \\ \zeta_3 \end{matrix}\right\} \tag{2.4.6}$$

和

$$\begin{Bmatrix} \zeta_1 \\ \zeta_2 \\ \zeta_3 \end{Bmatrix} = \frac{1}{h} \begin{bmatrix} 1 & 0 & 0 \\ -1 & -1 & 0 \\ -1 & 0 & 1 \end{bmatrix} \begin{Bmatrix} u_A \\ w_B \\ u_C \end{Bmatrix} \tag{2.4.7}$$

进一步可整理出：

$$\begin{Bmatrix} u_A \\ u_B \\ u_C \\ u_D \\ w_A \\ w_B \\ w_C \\ w_D \end{Bmatrix} = h \begin{bmatrix} 1 & 0 & 0 \\ 1 & 0 & 0 \\ 1 & 0 & 1 \\ 1 & 0 & 1 \\ -1 & 0 & 0 \\ -1 & -1 & 0 \\ -1 & -1 & -1 \\ -1 & 0 & -1 \end{bmatrix} \begin{Bmatrix} \zeta_1 \\ \zeta_2 \\ \zeta_3 \end{Bmatrix} = \begin{bmatrix} 1 & 0 & 0 \\ 1 & 0 & 0 \\ 0 & 0 & 1 \\ 0 & 0 & 1 \\ -1 & 0 & 0 \\ 0 & 1 & 0 \\ 1 & 1 & -1 \\ 0 & 0 & -1 \end{bmatrix} \begin{Bmatrix} u_A \\ w_B \\ u_C \end{Bmatrix} \tag{2.4.8}$$

当地面运动沿 $x$ 方向和 $z$ 方向，振型参与因数为

$$\eta_u = \frac{\displaystyle\sum_{i=A,B,C,D} m_i u_i}{\displaystyle\sum_{i=A,B,C,D} m_i (u_i^2 + w_i^2)} \tag{2.4.9}$$

和

$$\eta_w = \frac{\displaystyle\sum_{i=A,B,C,D} m_i w_i}{\displaystyle\sum_{i=A,B,C,D} m_i (u_i^2 + w_i^2)} \tag{2.4.10}$$

若 $m_A = m_B = m_C = m_D = m$，将式（2.4.8）代入式（2.4.9）和式（2.4.10），可得

$$\eta_u = \frac{u_A + u_C}{2u_A^2 + w_B^2 + 2u_C^2 + u_A w_B - u_A u_C - w_B u_C} \tag{2.4.11}$$

和

$$\eta_w = \frac{w_B - u_C}{2u_A^2 + w_B^2 + 2u_C^2 + u_A w_B - u_A u_C - w_B u_C} \tag{2.4.12}$$

对于 $x$ 方向的地面运动，$B$ 点沿 $x$ 方向的位移反应为

$$U_{Bu}(t) = \eta_u u_B \delta_u(\omega,t) = \eta_u u_A \delta_u(\omega,t)$$

$$= \frac{u_A(u_A + u_C)}{2u_A^2 + w_B^2 + 2u_C^2 + u_A w_B - u_A u_C - w_B u_C} \delta_u(\omega,t) \tag{2.4.13}$$

式中，$\delta_u(w, t)$ 为地面运动沿 $x$ 方向时单质点振子的位移反应。

仿照式（2.4.13），可写出

$$W_{Bu}(t) = \eta_u w_B \delta_u(\omega,t)$$

$$= \frac{w_B(u_A + u_C)}{2u_A^2 + w_B^2 + 2u_C^2 + u_A w_B - u_A u_C - w_B u_C} \delta_u(\omega,t) \tag{2.4.14}$$

$$U_{Bw}(t) = \eta_w u_B \delta_w(\omega,t) = \eta_w u_A \delta_w(\omega,t)$$

$$= \frac{u_A(w_B - u_C)}{2u_A^2 + w_B^2 + 2u_C^2 + u_A w_B - u_A u_C - w_B u_C} \delta_w(\omega,t) \tag{2.4.15}$$

$$W_{Bw}(t) = \eta_w w_B \delta_w(\omega,t)$$

$$= \frac{w_B(w_B - u_C)}{2u_A^2 + w_B^2 + 2u_C^2 + u_A w_B - u_A u_C - w_B u_C} \delta_w(\omega,t) \tag{2.4.16}$$

式（2.6.13）至式（2.6.16）可表为统一形式

$$D(t) = F(u_A, w_B, u_C)\delta(t)$$

这里，$F$ 特别称为积函数，它是振型参与因数与振型位移的乘积。

振型因刚度分布未知而未知，积函数的确定值不可能求得；但可设法求得极值。$\omega$ 可借简易试验或经验判断确定，进而从规范查出位移反应谱值 $\Delta(\omega)$ 于是，

$$D_{上界} = F_{max}\Delta(\omega) \tag{2.4.17}$$

此式用于设计偏于安全，$F_{max}$ 通常取正值。

式（2.4.13）至式（2.4.16）中的极值解列于表 2.4.1 至表 2.4.4。较大者为主极值，较小者为次极值，特别情况下二者相等。主、次极值相应于最不利的变形状态（主、次设计振型）。借助数学中一般求值方法就可确定。

表 2.4.1 至 2.4.4 的积函数数据可绘图示于图 2.4.3 至图 2.4.6 中。

若 $m_B = 2m$，研究结果示于图 2.4.7 中。

表 2.4.1　图 2.4.1 管架 $U_{Bu}$ 的积函数之值

| 位移 | 设计振型 | | 无贡献振型 |
|:---:|:---:|:---:|:---:|
| | 第一 | 第二 | 第三 |
| $u_A$ | 1 | 1 | 0 |
| $u_B$ | 1 | 1 | 0 |
| $u_C$ | 0.512 | $-2.512$ | 0 |
| $u_D$ | 0.512 | $-2.512$ | 0 |
| $w_A$ | $-1$ | $-1$ | 0 |
| $w_B$ | $-0.244$ | $-1.755$ | 0 |
| $w_C$ | 0.244 | $-1.755$ | 1 |
| $w_D$ | $-0.512$ | 2.512 | 0 |
| 积函数值 | 0.774 | 0.108 | 0 |

表 2.4.2　图 2.4.1 管架 $W_{Bu}$ 的积函数之值

| 位移 | 设计振型 | | 无贡献振型 |
|:---:|:---:|:---:|:---:|
| | 第一 | 第二 | 第三 |
| $u_A$ | $-0.716$ | 0.316 | 1 |
| $u_B$ | $-0.716$ | 0.316 | 1 |
| $u_C$ | $-0.316$ | 0.716 | $-1$ |
| $u_D$ | $-0.316$ | 0.716 | $-1$ |
| $w_A$ | 0.716 | $-0.316$ | $-1$ |
| $w_B$ | 1 | 1 | 0 |
| $w_C$ | 0.6 | 0.6 | 2 |
| $w_D$ | 0.316 | $-0.716$ | 1 |
| 积函数值 | 0.645 | 0.645 | 0 |

**表 2.4.3　图 2.4.1 管架 $U_{Bw}$ 的积函数之值**

| 位移 | 设计振型 | | 无贡献振型 |
|---|---|---|---|
| | 第一 | 第二 | 第三 |
| $u_A$ | 1 | 1 | 0 |
| $u_B$ | 1 | 1 | 0 |
| $u_C$ | 0.378 | -0.378 | 1 |
| $u_D$ | 0.378 | -0.378 | 1 |
| $w_A$ | -1 | -1 | 0 |
| $w_B$ | -1.134 | 1.134 | 1 |
| $w_C$ | -0.512 | 2.512 | 0 |
| $w_D$ | -0.378 | 0.378 | -1 |
| 积函数值 | 0.608 | 0.274 | 0 |

**表 2.4.4　图 2.4.1 管架 $W_{Bw}$ 的积函数之值**

| 位移 | 设计振型 | | 无贡献振型 |
|---|---|---|---|
| | 第一 | 第二 | 第三 |
| $u_A$ | -0.258 | 0.258 | 1 |
| $u_B$ | -0.258 | 0.258 | 1 |
| $u_C$ | 0.033 | 2.033 | 0 |
| $u_D$ | -0.033 | 2.033 | 0 |
| $w_A$ | 0.258 | -0.258 | -1 |
| $w_B$ | 1 | 1 | 0 |
| $w_C$ | 0.775 | -0.775 | 1 |
| $w_D$ | 0.033 | -2.033 | 0 |
| 积函数值 | 1.145 | 0.145 | 0 |

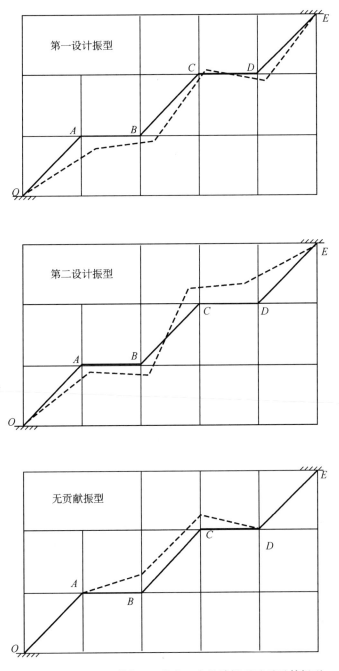

第一设计振型

第二设计振型

无贡献振型

图 2.4.3　图 2.4.1 管架 $U_{Bu}$ 的主、次设计振型及无贡献振型

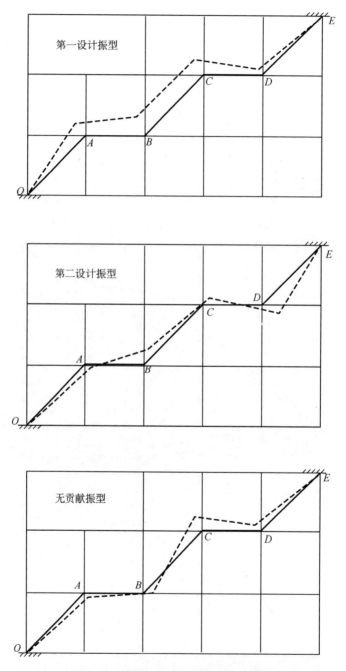

图 2.4.4　图 2.4.1 管架 $W_{Bu}$ 的主、次设计振型及无贡献振型

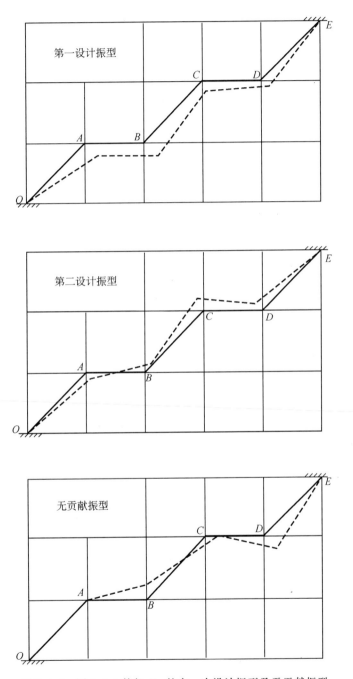

图 2.4.5　图 2.4.1管架 $U_{Bw}$ 的主、次设计振型及无贡献振型

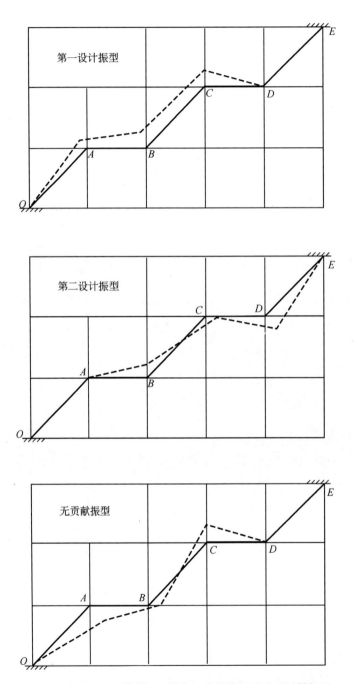

图 2.4.6 图 2.4.1 管架 $W_{Bw}$ 的主、次设计振型及无贡献振型

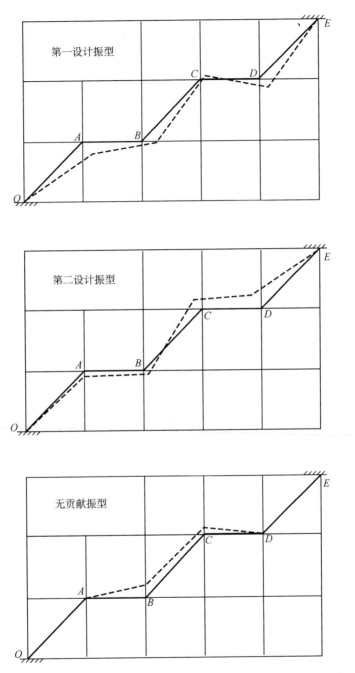

图 2.4.7　图 2.4.1 管架 $U_{Bu}$ 的主、次（$m_B = 2m$）设计振型及无贡献振型

图 2.4.2 所示管架较为复杂（5 自由度）。取 $u_A$、$u_C$、$u_E$、$u_G$ 和 $w_H$ 为广义坐标，写出几何关系：

$$
\begin{Bmatrix} u_A \\ u_B \\ u_C \\ u_D \\ u_E \\ u_G \\ u_H \\ w_A \\ w_B \\ w_C \\ w_D \\ w_E \\ w_G \\ w_H \end{Bmatrix} = \begin{bmatrix} 1 & 0 & 0 & 0 & 0 \\ 1 & 0 & 0 & 0 & 0 \\ 0 & 1 & 0 & 0 & 0 \\ 0 & 1 & 0 & 0 & 0 \\ 0 & 0 & 1 & 0 & 0 \\ 0 & 0 & 0 & 1 & 0 \\ 0 & 0 & 0 & 0 & 0 \\ -1 & 0 & 0 & 0 & 0 \\ -1 & 2 & 0 & 0 & 1 \\ 0 & 1 & 0 & 0 & 1 \\ 0 & -1 & 1 & 0 & 0 \\ 0 & 0 & 0 & 0 & 0 \\ 0 & 0 & 0 & 1 & 1 \\ 0 & 0 & 0 & 0 & 1 \end{bmatrix} \begin{Bmatrix} u_A \\ u_C \\ u_E \\ u_G \\ w_H \end{Bmatrix} \tag{2.4.18}
$$

于是导出

$$
\begin{aligned}
U_{Au}(t) &= \eta_u u_A \delta_u(\omega, t) \\
&= \frac{u_A(2u_A + 2u_C + u_E + u_G)}{2(2u_A^2 + 4u_C^2 + u_E^2 + u_G^2 + 2w_H^2 - 2u_A u_C - u_A w_H + 3w_H u_C + u_G w_H - u_C u_E)} \\
&\quad \cdot \delta_u(\omega, t)
\end{aligned} \tag{2.4.19}
$$

取 $u_A = 1$，从 $\dfrac{\partial F}{\partial w_H} = 0$ 解得

$$
w_H = \frac{1 - 3u_C - u_G}{4} \tag{2.4.20}
$$

将式（2.4.20）代入联立方程：

$$
\frac{\partial F}{\partial u_C} = 0 \qquad \frac{\partial F}{\partial u_E} = 0 \qquad \frac{\partial F}{\partial u_G} = 0 \tag{2.4.21}
$$

便有

$$
\left.\begin{aligned}
35u_C^2 + 8u_E^2 - 7u_G^2 - 28u_G u_C - 14u_G u_E - 2u_C u_E - 2u_C - 2u_E - 28u_G + 11 &= 0 \\
23u_C^2 - 12u_E^2 - 10u_G^2 - 23u_G u_C - 7u_G u_E + 23u_C u_E + 46u_C - 13u_E - 13u_G - 25 &= 0 \\
39u_C^2 - 8u_E^2 + 7u_G^2 + 2u_G u_C - 16u_G u_E - 32u_C u_E + 6u_C - 32u_E + 2u_G - 15 &= 0
\end{aligned}\right\}
$$

$$
\tag{2.4.22}
$$

解得

$$\begin{Bmatrix} u_C \\ u_E \\ u_G \end{Bmatrix} = \begin{Bmatrix} 0.545 \\ 0.536 \\ 0.391 \end{Bmatrix}, \qquad \begin{Bmatrix} -1.153 \\ -1.742 \\ -1.969 \end{Bmatrix} \qquad (2.4.23)$$

此积函数之值和设计振型结果见表 2.4.5 和图 2.4.8。无贡献振型的参与因数为 0，显然对地震反应没有贡献。

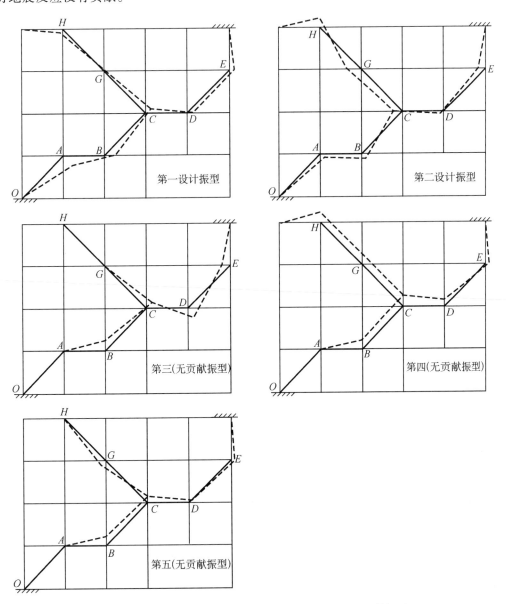

图 2.4.8　图 2.4.2 管架 $U_{Au}$ 的主、次设计振型及无贡献振型

表 2.4.5 $U_{Au}$（图 2.4.2）的最不利变形状态

| 位移 | 设计振型 | | 无贡献振型 | | |
|---|---|---|---|---|---|
| | 第一 | 第二 | 第三 | 第四 | 第五 |
| $u_A$ | 1 | 1 | 0 | 0 | 0 |
| $u_B$ | 1 | 1 | 0 | 0 | 0 |
| $u_C$ | 0.545 | − 1.153 | 1 | − 3 | 0.460 |
| $u_D$ | 0.545 | − 1.153 | 1 | − 3 | 0.460 |
| $u_E$ | 0.536 | − 1.742 | − 2 | 6 | 1 |
| $u_G$ | 0.391 | − 1.969 | 0 | 0 | − 1.919 |
| $u_H$ | 0 | 0 | 0 | 0 | 0 |
| $w_A$ | − 1 | − 1 | 0 | 0 | 0 |
| $w_B$ | − 0.167 | − 1.699 | 2 | 14 | 1.054 |
| $w_C$ | 0.288 | 0.454 | 1 | 17 | 0.595 |
| $w_D$ | − 0.009 | − 0.589 | − 3 | 9 | 0.541 |
| $w_E$ | 0 | 0 | 0 | 0 | 0 |
| $w_G$ | 0.135 | − 0.362 | 0 | 20 | − 1.784 |
| $w_H$ | − 0.256 | 1.607 | 0 | 20 | 0.135 |
| 积函数值 | 0.950 | 0.215 | 0 | 0 | 0 |

关于无贡献振型，这里试做浅议：

（1）一般刚度分布情况下，第一振型贡献最大，第二振型贡献次之，高振型贡献小。

（2）接近最不利刚度分布情况下，第一振型贡献最大，第二振型贡献次之，高振型贡献很小。

（3）十分接近最不利刚度分布情况下，第一振型贡献最大，第二振型贡献次之，高振型贡献甚微。

（4）最不利刚度分布情况下，第一、第二振型贡献最大（上界）或者第一振型贡献最大（上界），第二振型贡献次之（次上界），高振型贡献为零，成为无贡献振型。

仅在第五节中图 2.5.1 展现"最不利刚度分布"一例。一般情况下"最不利刚度分布"难以推演或计算出。

## 第五节　另辟蹊径求解伸臂结构地震反应极值

结构力学求解的实际中，有时出现这样的情况：必须给出的定解条件有欠缺，无法求得确定解，不得已只能改求极值解。

作为例子，可举出一个简明的结构力学命题：竖直伸臂结构的质量分布已知，基本自振周期或自振频率已知（$T_1 = \tau$ 或 $\omega_1 = p$），但刚度分布不明。试求水平地震激励下各截面内力的极值及相应的极端刚度分布。

图 2.5.1（a）所示就是这样的竖直的多质点伸臂结构。

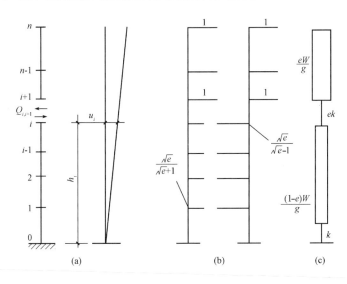

图 2.5.1　对于地震剪力的分析模型（$T_1 = \tau$）

截面 $i$—$(i+1)$ 上的剪力反应为

$$Q_{i,i+1} = \frac{A(\omega) \sum\limits_{j=i+1}^{n} m_j u_j \cdot \sum\limits_{j=1}^{n} m_j u_j}{\sum\limits_{j=1}^{n} m_j u_j^2}$$

$$= A(\omega) \frac{W}{g} \cdot \frac{\sum\limits_{j=i+1}^{n} \overline{m}_j u_j \sum\limits_{j=1}^{n} \overline{m}_j u_j}{\sum\limits_{j=1}^{n} \overline{m}_j u_j^2}$$

$$= \frac{A(\omega)}{g} W \cdot \Phi(u_1, u_2, \cdots, u_{i-1} u_i, u_{i+1}, \cdots, u_{n-1}, u_n) \qquad (2.5.1)$$

式中，$\omega$ 为自振频率；$A(\omega)$ 为设计反应谱；$m$ 为集中质量；$i$、$j$ 为序号；$u$ 为振型位移；

$W$ 为结构重量；$\overline{m} = mg/W$。

图 2.5.2（a）所示即是同一结构，截面 $i$ 上的弯矩反应为

$$M_i = \frac{A(\omega)\sum\limits_{j=i+1}^{n} m_j u_j \Delta h_{ij} \cdot \sum\limits_{j=1}^{n} m_j u_j}{\sum\limits_{j=1}^{n} m_j u_j^2}$$

$$= A(\omega)\frac{W}{g}H \cdot \frac{\sum\limits_{j=i+1}^{n} \overline{m}_j u_j \Delta \overline{h}_{ij} \sum\limits_{j=1}^{n} \overline{m}_j u_j}{\sum\limits_{j=1}^{n} \overline{m}_j u_j^2}$$

$$= \frac{A(\omega)}{g}WH \cdot \Psi(u_1, u_2, \cdots, u_{i-1}, u_i, u_{i+1}, \cdots, u_{n-1}, u_n) \qquad (2.5.2)$$

式中，$\Delta h_{ij} = h_j - h_i$；$\Delta \overline{h}_{ij} = \dfrac{\Delta h_{ij}}{H}$；$h_i$ 为 $i$ 点高程；$H$ 为伸臂结构全高。

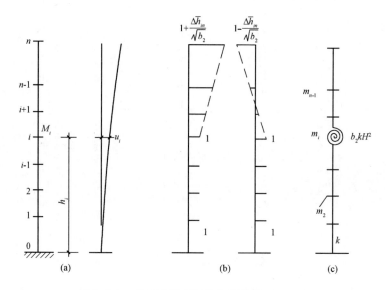

图 2.5.2　对于地震弯矩的分析模型（$T_1 = \tau$）

式（2.5.1）和式（2.5.2）中的振型未知，确定解不可得，以下为求极值解做推演。今设截面 $i$—$(i+1)$ 以上质量与结构总质量之比为

$$e = \frac{\sum\limits_{j=i+1}^{n} m_j}{\sum\limits_{j=1}^{n} m_j} = \sum\limits_{j=i+1}^{n} \overline{m}_j \qquad (2.5.3)$$

遵循正常的数学步骤，不增设任何附加限制，仅根据极值条件，自式（2.5.1）可导得 $\Phi(u)$ 的极值①——主极值 $\Phi^{(1)}$ 和次极值 $\Phi^{(2)}$：

$$\Phi^{(1),(2)} = \frac{\sqrt{e} \pm e}{2} \tag{2.5.4}$$

与极值相应的变形模态示如图 2.5.1（b），二模态互相正交；极端刚度分布示如图 2.5.1（c）。这时分析模型由 $n$ 自由度退化为 2 自由度，$k$ 为平移刚度②，振动方程为

$$\left.\begin{aligned}
e\frac{W}{g}\omega^2 u_n &= ek(u_n - u_1) \\
(1-e)\frac{W}{g}\omega^2 u_1 &= ek(u_1 - u_n) + ku_1
\end{aligned}\right\}(u_1 = u_i) \tag{2.5.5}$$

二模态的频率平方比为

$$\frac{\omega_2^2}{\omega_1^2} = \frac{1 + \sqrt{e}}{1 - \sqrt{e}} \tag{2.5.6}$$

参照式（2.5.1），当 $u_1 = u_2 = \cdots = u_i = \cdots u_n$；$\Phi = e(=\Phi^*)$，这就是拟静解。于是便有

$$\Phi^{(1)} - \Phi^{(2)} = \Phi^* \tag{2.5.7}$$

现根据振动方程式（2.5.5）对式（2.5.6）和式（2.5.4）做检验。
设

$$\frac{\omega^2 W}{kg} = \lambda \tag{2.5.8}$$

将式（2.5.5）改写为

$$\left.\begin{aligned}
\lambda u_n &= u_n - u_1 \\
(1-e)\lambda u_1 &= e(u_1 - u_n) + u_1
\end{aligned}\right\} \tag{2.5.9}$$

---

① 王前信、张艳红，伸臂式结构地震剪力图和弯矩图的理论包络线，地震工程与工程振动，1998 年 14 卷 4 期。

② 以下还要对 $k$ 做讨论。

或

$$\left.\begin{array}{l} (\lambda - 1)u_n + u_1 = 0 \\ eu_n + [(1 - e)\lambda - (1 + e)]u_1 = 0 \end{array}\right\} \qquad (2.5.10)$$

特征方程为

$$(1 - e)\lambda^2 - 2\lambda + 1 = 0 \qquad (2.5.11)$$

此式的两个解为

$$\lambda_{1,2} = \frac{1 \mp \sqrt{e}}{1 - e} = \frac{1}{1 \pm \sqrt{e}} \qquad (2.5.12)$$

于是

$$\frac{\omega_2^2}{\omega_1^2} = \frac{\lambda_2}{\lambda_1} = \frac{1 + \sqrt{e}}{1 - \sqrt{e}} \qquad (2.5.13)$$

这样就对式（2.5.6）做了检验。

再来检验主、次极值 $\Phi^{(1)}$ 和 $\Phi^{(2)}$。参照式（2.5.10）的第一式，取

$$\left.\begin{array}{l} u_1 = u_2 = \cdots = u_i = 1 - \lambda \\ u_{i+1} = u_{i+2} = \cdots = u_n = 1 \end{array}\right\} \qquad (2.5.14)$$

将式（2.5.12）的第一式和式（2.5.14）代入式（2.5.1），便得

$$\Phi^{(1)} = \frac{e \cdot 1[e \cdot 1 + (1 - e)(1 - \lambda_1)]}{e \cdot 1^2 + (1 - e)(1 - \lambda_1)^2} = \cdots = \frac{\sqrt{e} + e}{2} \qquad (2.5.15)$$

又将式（2.5.12）的第二式和式（2.5.14）代入式（2.5.1），得到

$$\Phi^{(2)} = \left| \frac{e \cdot 1[e \cdot 1 + (1 - e)(1 - \lambda_2)]}{e \cdot 1^2 + (1 - e)(1 - \lambda_2)^2} \right| = \cdots = \frac{\sqrt{e} - e}{2} \qquad (2.5.16)$$

式（2.5.15）和式（2.5.16）的结果与式（2.5.4）一致，检验完成。

上述是关于地震剪力的推演，以下为寻求地震弯矩极值解做推演。

设截面 $i$ 以上重量关于该截面的一次矩和二次矩分别为 $J_1$ 和 $J_2$：

$$J_1 = WH \sum_{j=i+1}^{n} \overline{m_j} \Delta \overline{h}_{ij} \qquad b_1 = \frac{J_1}{WH} \qquad (2.5.17)$$

$$J_2 = WH^2 \sum_{j=i+1}^{n} \overline{m}_j \Delta \overline{h}_{ij}^2 \qquad b_2 = \frac{J_2}{WH^2} \tag{2.5.18}$$

极值条件可给出 $\Psi(u)$ 的主极值 $\Psi^{(1)}$ 和次极值 $\Psi^{(2)}$ 如下:

$$\Psi^{(1),(2)} = \frac{\sqrt{b_2} \pm b_1}{2} \tag{2.5.19}$$

变形模态示如图 2.5.2（b），二者互正交，极端刚度分布示如图 2.5.2（c）；分析模型也由 $n$ 自由度退化为 2 自由度，$b_2 kH^2$ 为转动刚度；设 $\theta = \dfrac{u_n - u_i}{\Delta h_{in}}$，振动方程为

$$\left.\begin{array}{l} \dfrac{W}{g}\omega^2 u_1 + b_1 \dfrac{W}{g}\omega^2 H\theta - ku_1 = 0 \\[2mm] b_1 \dfrac{W}{g}\omega^2 u_1 + b_2 \dfrac{W}{g}\omega^2 H\theta - b_2 kH\theta = 0 \end{array}\right\} (u_1 = u_i) \tag{2.5.20}$$

二模态的频率平方比为

$$\frac{\omega_2^2}{\omega_1^2} = \frac{\sqrt{b_2} + b_1}{\sqrt{b_2} - b_1} \tag{2.5.21}$$

参照式（2.5.2），当 $u_1 = u_2 = \cdots = u_i = \cdots = u_n$，$\Psi = b_1 (= \Psi^*)$，这就是拟静解。显然可见

$$\Psi^{(1)} - \Psi^{(2)} = \Psi^* \tag{2.5.22}$$

现在根据振动方程式（2.5.20），对式（2.5.21）和式（2.5.19）做检验。

参照式（2.5.8），又设 $\overline{\theta} = H\theta$，振动方程式（2.5.20）改写为

$$\left.\begin{array}{l} b_1 \lambda\, \overline{\theta} + (\lambda - 1) u_1 = 0 \\[2mm] b_2 (\lambda - 1)\overline{\theta} + b_1 \lambda u_1 = 0 \end{array}\right\} \tag{2.5.23}$$

特征方程为

$$b_2 (\lambda - 1)^2 - b_1^2 \lambda^2 = 0 \tag{2.5.24}$$

或

$$(b_2 - b_1^2)\lambda^2 - 2b_2\lambda + b_2 = 0 \tag{2.5.25}$$

式 (2.5.25) 的两个解为

$$\left.\begin{array}{l} \lambda_1 = \dfrac{b_2 - b_1\sqrt{b_2}}{b_2 - b_1^2} \\[3mm] \lambda_2 = \dfrac{b_2 + b_1\sqrt{b_2}}{b_2 - b_1^2} \end{array}\right\} \tag{2.5.26}$$

于是

$$\frac{\omega_2^2}{\omega_1^2} = \frac{\lambda_2}{\lambda_1} = \frac{b_2 + b_1\sqrt{b_2}}{b_2 - b_1\sqrt{b_2}} = \frac{\sqrt{b_2} + b_1}{\sqrt{b_2} - b_1} \tag{2.5.27}$$

此结果对式 (2.5.21) 做了检验。

参照式 (2.5.23) 的第一式，取

$$\left.\begin{array}{l} u_1 = u_2 = \cdots = u_i = 1 \\[2mm] H\theta = \overline{\theta} = \dfrac{1 - \lambda}{b_1\lambda} \end{array}\right\} \tag{2.5.28}$$

代入式 (2.5.2)，便得

$$\begin{aligned} \Psi &= \frac{g}{WH} \frac{\sum\limits_{j=i+1}^{n} m_j(u_1 + \theta\Delta h_{ij})\Delta h_{ij}\left[\sum\limits_{j=1}^{i} m_j u_1 + \sum\limits_{j=i+1}^{n} m_j(u_1 + \theta h_{ij})\right]}{\sum\limits_{j=1}^{i} m_j u_1^2 + \sum\limits_{j=i+1}^{n} m_j(u_1 + \theta h_{ij})^2} \\[3mm] &= \frac{(J_1 + \theta J_2)(W + \theta J_1)}{WH(W + 2\theta J_1 + \theta^2 J_2)} \\[3mm] &= \frac{(b_1 + b_2\overline{\theta})(1 + b_1\overline{\theta})}{1 + 2b_1\overline{\theta} + b_2\overline{\theta}^2} \\[3mm] &= \frac{\left(b_1 + b_2\dfrac{1 - \lambda}{b_1\lambda}\right)\left(1 + b_1\dfrac{1 - \lambda}{b_1\lambda}\right)}{1 + 2b_1\dfrac{1 - \lambda}{b_1\lambda} + b_2\dfrac{(1 - \lambda)^2}{b_1^2\lambda^2}} \\[3mm] &= \frac{b_1\left[b_1^2\lambda + b_2(1 - \lambda)\right]}{2b_1^2\lambda - b_1^2\lambda^2 + b_2(1 - \lambda)^2} \end{aligned} \tag{2.5.29}$$

将 $\lambda_1 = \dfrac{b_2 - b_1\sqrt{b_2}}{b_2 - b_1^2}$ 和 $1 - \lambda_1 = \dfrac{b_1^2 - b_1\sqrt{b_2}}{b_1^2 - b_2}$ 代入式 (2.5.29)，可确定 $\Psi^{(1)}$。

$$\Psi^{(1)} = \frac{b_1\left[b_1^2\left(\dfrac{b_2 - b_1\sqrt{b_2}}{b_2 - b_1^2}\right) + b_2\left(\dfrac{b_1^2 - b_1\sqrt{b_2}}{b_1^2 - b_2}\right)\right]}{2b_1^2\left(\dfrac{b_2 - b_1\sqrt{b_2}}{b_2 - b_1^2}\right) - b_1^2\left(\dfrac{b_2 - b_1\sqrt{b_2}}{b_2 - b_1^2}\right)^2 + b_2\left(\dfrac{b_1^2 - b_1\sqrt{b_2}}{b_1^2 - b_2}\right)^2}$$

$$= \cdots = \frac{\sqrt{b_2} + b_1}{2} \tag{2.5.30}$$

仿之，将 $\lambda_2 = \dfrac{b_2 + b_1\sqrt{b_2}}{b_2 - b_1^2}$ 和 $1 - \lambda_2 = \dfrac{b_1^2 + b_1\sqrt{b_2}}{b_1^2 - b_2}$ 代入式 (2.5.29) 便可确定 $\Psi^{(2)}$。$\Psi^{(2)}$ 的推演与 $\Psi^{(1)}$ 略有不同。

$$\Psi^{(2)} = \left| \frac{b_1\left[b_1^2\left(\dfrac{b_2 + b_1\sqrt{b_2}}{b_2 - b_1^2}\right) + b_2\left(\dfrac{b_1^2 + b_1\sqrt{b_2}}{b_1^2 - b_2}\right)\right]}{2b_1^2\left(\dfrac{b_2 + b_1\sqrt{b_2}}{b_2 - b_1^2}\right) - b_1^2\left(\dfrac{b_2 + b_1\sqrt{b_2}}{b_2 - b_1^2}\right) + b_2\left(\dfrac{b_1^2 + b_1\sqrt{b_2}}{b_1^2 - b_2}\right)} \right|$$

$$= \cdots$$

$$= \left| \frac{b_1^2 - b_2}{2(b_1 + \sqrt{b_2})} \right| = \left| \frac{b_1 - \sqrt{b_2}}{2} \right| = \frac{\sqrt{b_2} - b_1}{2} \tag{2.5.31}\ ^*$$

现整理并汇总本节中导得的地震内力极值解和相应的极端刚度分布下的模态周期的一系列公式。

参照式 (2.5.1) 和式 (2.5.2)，地震剪力的主、次极值为

$$\left.\begin{array}{l} Q_{i,i+1}^{(1)} = \dfrac{(\sqrt{e} + e)WA(T_1)}{2g} \\[4mm] Q_{i,i+1}^{(2)} = \dfrac{(\sqrt{e} - e)WA(T_2)}{2g} \end{array}\right\} \tag{2.5.32}$$

式中，$T$ 为极端刚度分布下的模态周期。

参照式 (2.5.13)，应有

---

\* 以上 $\Phi^{(1)}$、$\Phi^{(2)}$、$\Psi^{(1)}$、$\Psi^{(2)}$［式(2.5.15)，式(2.5.16)，式(2.5.30)，式(2.5.31)］的详细推演过程参见王前信《结构力学非常解法》第九章，地震出版社，2004。

$$\frac{T_2}{T_1} = \frac{\omega_1}{\omega_2} = \sqrt{\frac{1 - \sqrt{e}}{1 + \sqrt{e}}} = \sqrt{\frac{\sqrt{e} - e}{\sqrt{e} + e}} \qquad (2.5.33)$$

引入式（2.5.4）的关系，得到

$$T_2 = \sqrt{\frac{\Phi^{(2)}}{\Phi^{(1)}}} \cdot T_1 \qquad (2.5.34)$$

参照式（2.5.2）和式（2.5.19），地震弯矩的主、次极值为

$$\left.\begin{array}{l} M_i^{(1)} = \dfrac{(\sqrt{b_2} + b_1)WHA(T_1)}{2g} \\[4mm] M_i^{(2)} = \dfrac{(\sqrt{b_2} - b_1)WHA(T_2)}{2g} \end{array}\right\} \qquad (2.5.35)$$

参照式（2.5.27），应有

$$\frac{T_2}{T_1} = \frac{\omega_1}{\omega_2} = \sqrt{\frac{\sqrt{b_2} - b_1}{\sqrt{b_2} + b_1}} \qquad (2.5.36)$$

引入式（2.5.30）和式（2.5.31）的关系，得到

$$T_2 = \sqrt{\frac{\Psi^{(2)}}{\Psi^{(1)}}} \cdot T_1 \qquad (2.5.37)$$

有趣的是，式（2.5.34）和式（2.5.37）可写成统一的形式：

$$T_2 = \sqrt{\frac{\text{次极值}}{\text{主极值}}} \cdot T_1 \qquad (2.5.38)$$

此式便于实际验算。

注意式（2.5.32）中地震剪力的次极值（第二式），对于底部0—1截面，$e = 1$，$Q_{0-1}^{(2)} = 0$，这似使人生疑。不妨取二质点或三质点伸臂体系（数值模型）做简单的求极演算，$Q_{0-1}^{(2)}$ 确为 0 不误。

以上演算过程中曾出现形式上的"不定值"，有的同行学者为此质疑。但经深究，原来并非不定值，而是确定值。

还要注意图 2.5.1 和图 2.5.2 中的刚度 $k$ 如何取值？对于地震剪力：

$$k = \frac{4\pi^2 W(1 + \sqrt{e})}{\tau^2 g} \tag{2.5.39}$$

或

$$k = \frac{p^2 W(1 + \sqrt{e})}{g} \tag{2.5.40}$$

对于地震弯矩：

$$k = \frac{4\pi^2 W}{\tau^2 g} \cdot \frac{b_2 - b_1^2}{b_2 - b_1\sqrt{b_2}} \tag{2.5.41}$$

或

$$k = \frac{p^2 W}{g} \cdot \frac{b_2 - b_1^2}{b_2 - b_1\sqrt{b_2}} \tag{2.5.42}$$

于是

$$T_1 = 2\pi \sqrt{\frac{W}{\lambda_1 kg}} = \tau \tag{2.5.43}$$

或

$$\omega_1 = \sqrt{\frac{\lambda_1 kg}{W}} = p \tag{2.5.44}$$

可见图 2.5.1（c）和图 2.5.2（c）中的极端刚度分布模型的基本自振周期或频率都是与给定条件中的自振周期或频率相同的。

但应注意，对于不同的内力，对于不同的截面，极端刚度分布模型的第二自振周期或频率是不相同的［式（2.5.38）］。

现举出两个算例。例 2.5.1 十分简单（图 2.5.3），便于有兴趣者校核。例 2.5.2 略较复杂（图 2.5.4）。表 2.5.1 至表 2.5.4 中列出了极值解的数值结果。

模态反应的叠加和组合问题，建议联系工程实际开展进一步的讨论。

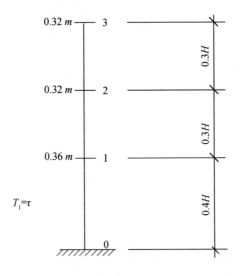

图 2.5.3 伸臂模型（例 2.5.1）

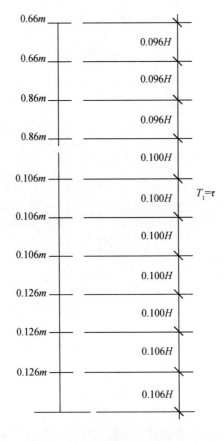

图 2.5.4 伸臂模型（例 2.5.2）

表 2.5.1　地震剪力极值计算（例 2.5.1）

| 截　面 | $e$ | $\Phi^{(1)}$ | $\Phi^{(2)}$ | $T_2/T_1$ |
|---|---|---|---|---|
| 2—3 | 0.320 | 0.443 | 0.123 | 0.527 |
| 1—2 | 0.640 | 0.720 | 0.080 | 0.333 |
| 0—1 | 1.000 | 1.000 | — | — |

表 2.5.2　地震弯矩极值计算（例 2.5.1）

| 截　面 | $b_1$ | $b_2$ | $\Psi^{(1)}$ | $\Psi^{(2)}$ | $T_2/T_1$ |
|---|---|---|---|---|---|
| 2 | 0.0960 | 0.0288 | 0.1329 | 0.0369 | 0.527 |
| 1 | 0.2880 | 0.1440 | 0.3337 | 0.0457 | 0.370 |
| 0 | 0.6880 | 0.5344 | 0.7095 | 0.0215 | 0.174 |

表 2.5.3　地震剪力极值计算（例 2.5.2）

| 截　面 | $e$ | $\Phi^{(1)}$ | $\Phi^{(2)}$ | $T_2/T_1$ |
|---|---|---|---|---|
| 9—10 | 0.066 | 0.1615 | 0.0955 | 0.769 |
| 8—9 | 0.132 | 0.2477 | 0.1157 | 0.683 |
| 7—8 | 0.218 | 0.3425 | 0.1245 | 0.603 |
| 6—7 | 0.304 | 0.4277 | 0.1237 | 0.538 |
| 5—6 | 0.410 | 0.5252 | 0.1152 | 0.468 |
| 4—5 | 0.516 | 0.6172 | 0.1012 | 0.405 |
| 3—4 | 0.622 | 0.7053 | 0.0833 | 0.344 |
| 2—3 | 0.748 | 0.8064 | 0.0584 | 0.269 |
| 1—2 | 0.874 | 0.9044 | 0.0304 | 0.183 |
| 0—1 | 1.000 | 1.0000 | — | — |

表 2.5.4　地震弯矩极值计算（例 2.5.2）

| 截　面 | $b_1$ | $b_2$ | $\Psi^{(1)}$ | $\Psi^{(2)}$ | $T_2/T_1$ |
|---|---|---|---|---|---|
| 9 | 0.00634 | 0.00061 | 0.01550 | 0.00916 | 0.769 |
| 8 | 0.01901 | 0.00304 | 0.03708 | 0.01807 | 0.698 |
| 7 | 0.03994 | 0.00870 | 0.06660 | 0.02667 | 0.633 |
| 6 | 0.07034 | 0.01973 | 0.10539 | 0.03506 | 0.577 |
| 5 | 0.11134 | 0.03789 | 0.15300 | 0.04166 | 0.522 |
| 4 | 0.16294 | 0.06532 | 0.20926 | 0.04632 | 0.470 |
| 3 | 0.22514 | 0.10413 | 0.27391 | 0.04878 | 0.422 |
| 2 | 0.29994 | 0.15664 | 0.34785 | 0.04792 | 0.371 |
| 1 | 0.39258 | 0.23004 | 0.43610 | 0.04352 | 0.316 |
| 0 | 0.49858 | 0.32451 | 0.53412 | 0.03554 | 0.258 |

## 第六节　多支点地面运动输入下的拱桥反应

现举出一种简单拱桥模型作为分析例子。推演过程见参考资料专著（6）第七章第二节，这里仅给出扼要的最终结果。

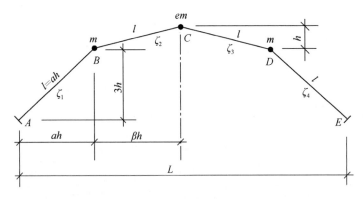

图 2.6.1　拱桥简略模型

图 2.6.1 所示为拱的轮廓折线，可以是无铰拱、二铰拱或三铰拱；拱顶集中质量 $em$，拱腰集中质量 $m$，总和质量 $m_0 = (2+e)\,m$；拱段的长为 $l$，全长 $l_0 = 4l$；拱高为 $h_0 = 4h$；长高比为 $a$，

$$a = \frac{l_0}{h_0} = \frac{4l}{4h} = \frac{l}{h} \tag{2.6.1}$$

跨度为 $L$，如图可见

$$L = 2(\alpha + \beta)h \tag{2.6.2}$$

式中，

$$\alpha = \sqrt{a^2 - 9} \tag{2.6.3}$$

$$\beta = \sqrt{a^2 - 1} \tag{2.6.4}$$

截面挠曲刚度为 $EI$，这里暂限于讨论 $EI_{AB} = EI_{BC} = EI_{CD} = EI_{DE}$ 的等截面情形，变截面情形待进一步计算分析。几何上不计轴向变形的影响，$\zeta$ 为拱段轴线转角。

导得内力和自振频率如下列：

**1. 无铰拱**

内力为

$$\frac{l^2}{EI}\left\{\begin{array}{c} M_\mathrm{A} \\ M_\mathrm{B} \\ M_\mathrm{C} \\ M_\mathrm{D} \\ -M_\mathrm{E} \end{array}\right\} = \frac{3a}{34}\begin{bmatrix} 5 & -5 \\ -1 & 1 \\ -3 & 3 \\ -1 & 1 \\ 5 & -5 \end{bmatrix}\left\{\begin{array}{c} u_\mathrm{A} \\ u_\mathrm{E} \end{array}\right\} + \frac{3a}{2(\alpha^2+3\alpha\beta+4\beta^2)}\begin{bmatrix} -\alpha-\beta & \alpha+\beta \\ -\beta & \beta \\ 0 & 0 \\ \beta & -\beta \\ \alpha+\beta & -\alpha-\beta \end{bmatrix}\left\{\begin{array}{c} w_\mathrm{A} \\ w_\mathrm{E} \end{array}\right\}$$

$$+ \frac{1}{34(\alpha^2+3\alpha\beta+4\beta^2)}\begin{bmatrix} 97\alpha^2+240\alpha\beta+235\beta^2 & 5\alpha^2-36\alpha\beta-133\beta^2 \\ \alpha^2+54\alpha\beta+55\beta^2 & -\alpha^2+48\alpha\beta+47\beta^2 \\ -14\alpha^2-42\alpha\beta-56\beta^2 & 14\alpha^2+42\alpha\beta+56\beta^2 \\ \alpha^2-48\alpha\beta-47\beta^2 & -\alpha^2-54\alpha\beta-55\beta^2 \\ -5\alpha^2+36\alpha\beta+133\beta^2 & -97\alpha^2-240\alpha\beta-235\beta^2 \end{bmatrix}\left\{\begin{array}{c} \theta_\mathrm{A} l \\ \theta_\mathrm{E} l \end{array}\right\}$$

$$+ \frac{3a[e(\alpha-3\beta)-6\beta]}{7[e(\alpha-3\beta)^2+2\alpha^2\beta^2+18\beta^2]}\begin{bmatrix} \alpha+5\beta & \alpha+5\beta \\ -2\alpha-3\beta & -2\alpha-3\beta \\ 0 & 0 \\ 2\alpha+3\beta & 2\alpha+3\beta \\ -\alpha-5\beta & -\alpha-5\beta \end{bmatrix}\left\{\begin{array}{c} \delta_{u\mathrm{A}}^{(1)} \\ \delta_{u\mathrm{E}}^{(1)} \end{array}\right\}$$

$$+ \frac{3a}{7\beta}\left(\frac{e(\alpha-3\beta)+2\alpha\beta^2}{e(\alpha-3\beta)^2+2\alpha^2\beta^2+18\beta^2} - \frac{2\alpha+3\beta}{2(\alpha^2+3\alpha\beta+4\beta^2)}\right)\begin{bmatrix} \alpha+5\beta & -\alpha-5\beta \\ -2\alpha-3\beta & 2\alpha+3\beta \\ 0 & 0 \\ 2\alpha+3\beta & -2\alpha-3\beta \\ -\alpha-5\beta & \alpha+5\beta \end{bmatrix}\left\{\begin{array}{c} \delta_{w\mathrm{A}}^{(1)} \\ \delta_{w\mathrm{E}}^{(1)} \end{array}\right\}$$

$$- \frac{3(\alpha+5\beta)}{14(\alpha^2+3\alpha\beta+4\beta^2)}\begin{bmatrix} \alpha+5\beta & \alpha+5\beta \\ -2\alpha-3\beta & -2\alpha-3\beta \\ 0 & 0 \\ 2\alpha+3\beta & 2\alpha+3\beta \\ -\alpha-5\beta & -\alpha-5\beta \end{bmatrix}\left\{\begin{array}{c} \delta_{\theta\mathrm{A}}^{(1)} \\ \delta_{\theta\mathrm{E}}^{(1)} \end{array}\right\}$$

$$- \frac{3a}{2}\left(\frac{e(\alpha-3\beta)\beta-6}{e(\alpha-3\beta)^2+2\alpha^2+18} + \frac{9}{34}\right)\begin{bmatrix} -3 & 3 \\ 4 & -4 \\ -5 & 5 \\ 4 & -4 \\ -3 & 3 \end{bmatrix}\left\{\begin{array}{c} \delta_{u\mathrm{A}}^{(2)} \\ \delta_{u\mathrm{E}}^{(2)} \end{array}\right\}$$

$$- \frac{3a[e(\alpha-3\beta)+2\alpha]}{2[e(\alpha-3\beta)^2+2\alpha^2+18]}\begin{bmatrix} -3 & -3 \\ 4 & 4 \\ -5 & -5 \\ 4 & 4 \\ -3 & -3 \end{bmatrix}\left\{\begin{array}{c} \delta_{w\mathrm{A}}^{(2)} \\ \delta_{w\mathrm{E}}^{(2)} \end{array}\right\} + \frac{9}{68}\begin{bmatrix} -3 & 3 \\ 4 & -4 \\ -5 & 5 \\ 4 & -4 \\ -3 & 3 \end{bmatrix}\left\{\begin{array}{c} \delta_{\theta\mathrm{A}}^{(2)} \\ \delta_{\theta\mathrm{E}}^{(2)} \end{array}\right\} \tag{2.6.5}$$

$\delta(t)$ 为单质点振子的时程反应，分别相应于不同的自振频率和不同的地面运动。

反对称和正对称自振频率分别为

$$\omega_1 = 2a \sqrt{\frac{6(\alpha^2 + 3\alpha\beta + 4\beta^2)EI}{7[e(\alpha - 3\beta)^2 + 2\alpha^2\beta^2 + 18\beta^2]ml^3}}$$

$$= 16a \sqrt{\frac{6(2 + e)(\alpha^2 + 3\alpha\beta + 4\beta^2)EI}{7[e(\alpha - 3\beta)^2 + 2\alpha^2\beta^2 + 18\beta^2]m_0 l_0^3}} \qquad (2.6.6)$$

$$\omega_2 = 2a \sqrt{\frac{51EI}{[e(\alpha - 3\beta)^2 + 2\alpha^2 + 18]ml^3}}$$

$$= 16a \sqrt{\frac{51(2 + e)EI}{[e(\alpha - 3\beta)^2 + 2\alpha^2 + 18]m_0 l_0^3}} \qquad (2.6.7)$$

## 2. 二铰拱

内力为

$$\frac{l^2}{EI} \begin{Bmatrix} M_B \\ M_C \\ M_D \end{Bmatrix} = \frac{3a}{92} \begin{bmatrix} -3 & 3 \\ -4 & 4 \\ -3 & 3 \end{bmatrix} \begin{Bmatrix} u_A \\ u_E \end{Bmatrix}$$

$$- \frac{3a(\alpha + \beta)[e(\alpha - 3\beta) - 6\beta]}{4[e(\alpha - 3\beta)^2 + 18\beta^2 + 2\alpha^2\beta^2]} \begin{bmatrix} 1 & 1 \\ 0 & 0 \\ -1 & -1 \end{bmatrix} \begin{Bmatrix} \delta_{uA}^{(1)} \\ \delta_{uE}^{(1)} \end{Bmatrix}$$

$$- \frac{3a[2e(\alpha - 3\beta) + \alpha\beta^2 - 9\beta]}{2[e(\alpha - 3\beta)^2 + 18\beta^2 + 2\alpha^2\beta^2]} \begin{bmatrix} 1 & -1 \\ 0 & 0 \\ -1 & 1 \end{bmatrix} \begin{Bmatrix} \delta_{wA}^{(1)} \\ \delta_{wE}^{(1)} \end{Bmatrix}$$

$$- \frac{3a}{7} \left( \frac{e(\alpha - 3\beta)\beta - 6}{e(\alpha - 3\beta)^2 + 2\alpha^2 + 18} + \frac{27}{92} \right) \begin{bmatrix} 11 & -11 \\ -16 & 16 \\ 11 & -11 \end{bmatrix} \begin{Bmatrix} \delta_{uA}^{(2)} \\ \delta_{uE}^{(2)} \end{Bmatrix}$$

$$- \frac{3a[e(\alpha - 3\beta) + 2\alpha]}{7[e(\alpha - 3\beta)^2 + 2\alpha^2 + 18]} \begin{bmatrix} 11 & 11 \\ -16 & -16 \\ 11 & 11 \end{bmatrix} \begin{Bmatrix} \delta_{wA}^{(2)} \\ \delta_{wE}^{(2)} \end{Bmatrix} \qquad (2.6.8)$$

反对称和正对称自振频率为

$$\omega_1 = a(\alpha + \beta) \sqrt{\frac{3EI}{[e(\alpha - 3\beta)^2 + 18\beta^2 + 2\alpha^2\beta^2]ml^3}}$$

$$= 8a(\alpha + \beta) \sqrt{\frac{3(2 + e)EI}{[e(\alpha - 3\beta)^2 + 18\beta^2 + 2\alpha^2\beta^2]m_0 l_0^3}} \qquad (2.6.9)$$

和

$$\omega_2 = 4a \sqrt{\frac{69EI}{7[e(\alpha - 3\beta)^2 + 2\alpha^2 + 18]ml^3}}$$

$$= 32a \sqrt{\frac{69(2 + e)EI}{7[e(\alpha - 3\beta)^2 + 2\alpha^2 + 18]m_0 l_0^3}} \quad (2.6.10)$$

### 3. 三铰拱

内力和自振频率为

$$\frac{l^2}{EI}\left\{\begin{matrix} M_B \\ M_D \end{matrix}\right\} = -\frac{3a(\alpha + \beta)[e(\alpha - 3\beta) - 6\beta]}{4[e(\alpha - 3\beta)^2 + 18\beta^2 + 2\alpha^2\beta^2]}\begin{bmatrix} 1 & 1 \\ -1 & -1 \end{bmatrix}\left\{\begin{matrix} \delta_{uA}^{(1)} \\ \delta_{uE}^{(1)} \end{matrix}\right\}$$

$$-\frac{3a[2e(\alpha - 3\beta) + \alpha\beta^2 - 9\beta]}{2[e(\alpha - 3\beta)^2 + 18\beta^2 + 2\alpha^2\beta^2]}\begin{bmatrix} 1 & -1 \\ -1 & 1 \end{bmatrix}\left\{\begin{matrix} \delta_{wA}^{(1)} \\ \delta_{wE}^{(1)} \end{matrix}\right\}$$

$$-\frac{3a[e(\alpha + \beta)(\alpha - 3\beta) + 2\alpha^2 - 6]}{4[e(\alpha - 3\beta)^2 + 2\alpha^2 + 18]}\begin{bmatrix} 1 & -1 \\ 1 & -1 \end{bmatrix}\left\{\begin{matrix} \delta_{uA}^{(2)} \\ \delta_{uE}^{(2)} \end{matrix}\right\}$$

$$-\frac{3a[e(\alpha - 3\beta) + 2\alpha]}{e(\alpha - 3\beta)^2 + 2\alpha^2 + 18}\begin{bmatrix} 1 & 1 \\ 1 & 1 \end{bmatrix}\left\{\begin{matrix} \delta_{wA}^{(2)} \\ \delta_{wE}^{(2)} \end{matrix}\right\} \quad (2.6.11)$$

和

$$\omega_2 = 4a \sqrt{\frac{3EI}{[e(\alpha - 3\beta)^2 + 2\alpha^2 + 18]ml^3}}$$

$$= 32a \sqrt{\frac{3(2 + e)EI}{[e(\alpha - 3\beta)^2 + 2\alpha^2 + 18]m_0 l_0^3}} \quad (2.6.12)$$

内力表达式中没有拟静反应,因为三铰拱是静定结构。

自振频率 $\omega_1$ 与二铰拱相同,因为二铰拱反对称振动时,拱顶弯矩为 0,有如拱顶有一个铰。

三种拱式结构的自振周期计算结果可以勾绘成曲线图,一并示于图 2.6.2 中对比。可见,在 $a = 6 \sim 10$,$e = 0.5 \sim 1$ 的变化范围内,$T$ 值相应的变化不甚大。若工程中用下列近似式粗估 $T$ 值,差误不超过 8%。

$$\text{无铰拱} \quad T_1 \approx 0.135 \sqrt{\frac{m_0 l_0^3}{EI}} \quad (2.6.13)$$

$$T_2 \approx 0.075 \sqrt{\frac{m_0 l_0^3}{EI}} \quad (2.6.14)$$

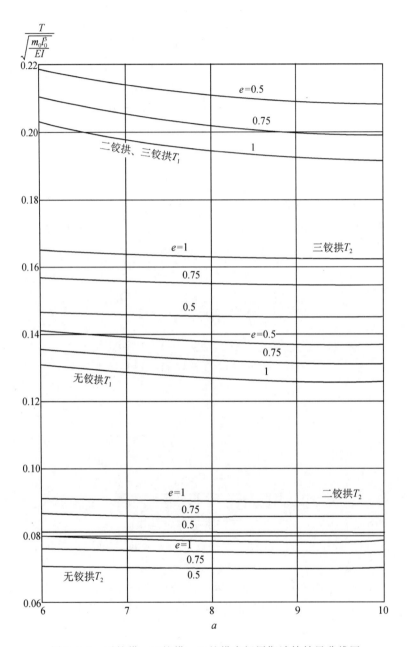

图 2.6.2　无铰拱、二铰拱、三铰拱自振周期计算结果曲线图

二铰拱　　$T_1 \approx 0.205\sqrt{\dfrac{m_0 l_0^3}{EI}}$　　　　　　　　　　　(2.6.15)

$T_2 \approx 0.085\sqrt{\dfrac{m_0 l_0^3}{EI}}$　　　　　　　　　　　(2.6.16)

$$三铰拱 \quad T_1 \approx 0.205\sqrt{\dfrac{m_0 l_0^3}{EI}} \qquad\qquad (2.6.17)$$

$$T_2 \approx 0.155\sqrt{\dfrac{m_0 l_0^3}{EI}} \qquad\qquad (2.6.18)$$

注意，式（2.6.13）至式（2.6.18）仅适用于图 2.6.1 所示拱式模型。

现在继续讨论拟静弯矩。

（1）当拱的两个支座水平方向的地震位移不一致时，拟静位移差为

$$\Delta u = |u_A - u_E| \qquad\qquad (2.6.19)$$

根据式（2.6.5），无铰拱的拟静弯矩* 为

$$\begin{Bmatrix} M_C \\ M_B \\ M_A \end{Bmatrix} = \begin{Bmatrix} M_{顶} \\ M_{腰} \\ M_{底} \end{Bmatrix} = \frac{3aEI\Delta u}{34l^2}\begin{Bmatrix} 3 \\ 1 \\ 5 \end{Bmatrix} = \frac{24}{17} \cdot \frac{aEI}{l_0} \cdot \frac{\Delta u}{l_0}\begin{Bmatrix} 3 \\ 1 \\ 5 \end{Bmatrix} = \frac{24}{17} \cdot \frac{EI}{h_0} \cdot \frac{\Delta u}{l_0}\begin{Bmatrix} 3 \\ 1 \\ 5 \end{Bmatrix} \qquad (2.6.20)$$

根据式（2.6.8），二铰拱的拟静弯矩为

$$\begin{Bmatrix} M_C \\ M_B \end{Bmatrix} = \begin{Bmatrix} M_{顶} \\ M_{腰} \end{Bmatrix} = \frac{3aEI\Delta u}{92l^2}\begin{Bmatrix} 4 \\ 3 \end{Bmatrix} = \frac{12}{23} \cdot \frac{aEI}{l_0} \cdot \frac{\Delta u}{l_0}\begin{Bmatrix} 4 \\ 3 \end{Bmatrix} = \frac{12}{23} \cdot \frac{EI}{h_0} \cdot \frac{\Delta u}{l_0}\begin{Bmatrix} 4 \\ 3 \end{Bmatrix} \qquad (2.6.21)$$

式（2.6.20）和（2.6.21）中的拟静弯矩试以统一形式表为

$$M = c_u B r_u \qquad\qquad (2.6.22)$$

式中，$B$ 为挠曲刚度除以拱高所得的商（注意，$h_0$ 与 $\Delta u$ 的方向互垂直），量纲与弯矩的量纲相同；$r_u$ 为水平向拟静位移差与拱长的比值；系数 $c_u$ 的值与长高比 $a$ 无关，汇列于表 2.6.1 中。

供工程设计参考的拟静弯矩粗略值展示于表 2.6.2 中。

---

* 不考虑正、负符号，下同。

表 2.6.1 系数 $c_u$ 的计算结果

| 弯矩所在截面 | 无铰拱 | 二铰拱 |
|---|---|---|
| 顶部 | 4.24 | 2.09 |
| 腰部 | 1.412 | 1.565 |
| 底部 | 7.06 | — |

表 2.6.2 水平向拟静位移差引起的弯矩

| | 无铰拱 | 二铰拱 |
|---|---|---|
| 顶部 | $3M^*$ | $1.5M^*$ |
| 腰部 | $M^* = \sqrt{2}\dfrac{EI}{h_0} \cdot \dfrac{\Delta u}{l_0}$ | $1.1M^*$ |
| 底部 | $5M^*$ | — |

（2）当拱的两个支座竖向的地震位移不一致时，拟静位移差为

$$\Delta w = |w_A - w_E| \tag{2.6.23}$$

这时，二铰拱不引起拟静弯矩。

根据式（2.6.5），无铰拱的拟静弯矩为

$$\begin{Bmatrix} M_{CD} \\ M_{BC} \\ M_{AB} \end{Bmatrix} = \begin{Bmatrix} M_{顶} \\ M_{腰} \\ M_{底} \end{Bmatrix} = \frac{3aEI\Delta w}{2(\alpha^2 + 3\alpha\beta + 4\beta^2)l^2} \begin{Bmatrix} 0 \\ \beta \\ \alpha + \beta \end{Bmatrix}$$

$$= \frac{24a}{\alpha^2 + 3\alpha\beta + 4\beta^2} \cdot \frac{EI}{l_0} \cdot \frac{\Delta w}{l_0} \begin{Bmatrix} 0 \\ \beta \\ \alpha + \beta \end{Bmatrix} \tag{2.6.24}$$

式（2.6.24）中的拟静弯矩试以统一形式表为

$$M = c_w B' r_w \tag{2.6.25}$$

式中，$B'$ 为挠曲刚度除以拱长所得的商（注意，$l_0$ 为拱轴折线的总长度），量纲与弯矩的量纲相同；$r_w$ 为竖向拟静位移差与拱长的比值；系数 $c_w$ 与长高比 $a$ 有关，计算结果列于表 2.6.3 中。

表 2.6.3 系数 $c_w$ 的计算结果

| 截面 \ $a$ | 6 | 7 | 8 | 9 | 10 |
|---|---|---|---|---|---|
| 顶部 | 0 | 0 | 0 | 0 | 0 |
| 腰部 | 3.29 | 3.20 | 3.15 | 3.12 | 3.09 |
| 底部 | 6.17 | 6.13 | 6.10 | 6.08 | 6.06 |

自表 2.6.3 可见，在 $a = 6 \sim 10$ 的变化范围内，$c_w$ 的变化很小。在腰部取 $c_w = 3.3$，在底部取 $c_w = 6.2$，是简略可行的。

由于 $B$ 是 $B'$ 的 $6 \sim 10$ 倍，故当 $r_u$ 和 $r_w$ 的设计取值差不多时，水平向拟静位移差的影响较之竖向拟静位移差的影响约大出几倍。

（3）当无铰拱的一侧（比如左侧）支座地震时发生转动 $\theta$ 时，根据式（2.6.5），拱的拟静弯矩按下式计算：

$$\begin{Bmatrix} M_E \\ M_D \\ M_C \\ M_B \\ M_A \end{Bmatrix} = \begin{Bmatrix} M_{右底} \\ M_{右腰} \\ M_{顶} \\ M_{左腰} \\ M_{左底} \end{Bmatrix}$$

$$= \frac{EI\theta}{34(\alpha^2 + 3\alpha\beta + 4\beta^2)l} \begin{Bmatrix} -5\alpha^2 + 36\alpha\beta + 133\beta^2 \\ -\alpha^2 + 48\alpha\beta + 47\beta^2 \\ 14\alpha^2 + 42\alpha\beta + 56\beta^2 \\ \alpha^2 + 54\alpha\beta + 55\beta^2 \\ 97\alpha^2 + 240\alpha\beta + 235\beta^2 \end{Bmatrix}$$

$$= \frac{2}{17(\alpha^2 + 3\alpha\beta + 4\beta^2)} \cdot \frac{EI}{l_0} \cdot \theta \begin{Bmatrix} -5\alpha^2 + 36\alpha\beta + 133\beta^2 \\ -\alpha^2 + 48\alpha\beta + 47\beta^2 \\ 14\alpha^2 + 42\alpha\beta + 56\beta^2 \\ \alpha^2 + 54\alpha\beta + 55\beta^2 \\ 97\alpha^2 + 240\alpha\beta + 235\beta^2 \end{Bmatrix} \qquad (2.6.26)$$

当另一侧（比如右侧）支座发生转动时，利用结构的对称性，计算不难仿此进行。

式（2.6.26）可写成与式（2.6.25）相仿的形式：

$$M = c_\theta B' \theta \qquad (2.6.27)$$

式中，系数 $c_\theta$ 与长高比 $a$ 有关，计算结果列于表 2.6.4 中。

表 2.6.4　系数 $c_\theta$ 的计算结果

| $a$ 截面 | 6 | 7 | 8 | 9 | 10 |
|---|---|---|---|---|---|
| 右底 | 2.55 | 2.51 | 2.49 | 2.47 | 2.46 |
| 右腰 | 1.404 | 1.398 | 1.394 | 1.392 | 1.390 |
| 顶 | 1.647 | 1.647 | 1.647 | 1.647 | 1.647 |
| 左腰 | 1.639 | 1.633 | 1.630 | 1.627 | 1.625 |
| 左底 | 8.27 | 8.31 | 8.34 | 8.35 | 8.36 |

自表 2.6.4 可见，在 $a = 6 \sim 10$ 的变化范围内，$c_\theta$ 的变化非常小。在腰部、顶部取 $c_\theta = 1.7$，在底部取 $c_\theta = 8.4$，这样估算工程上是可行的。

支座 $\theta$ 转角尚缺观测数据，设计取值也少工程经验。但对比式（2.6.25）与式（2.6.27）可引发猜想，若 $\theta$ 与 $r_w$ 的设计取值相近，则支座转动的影响似不次于竖向位移差的影响。

式（2.6.5）、式（2.6.8）和式（2.6.11）表出的地震弯矩是基于地面运动，建立强迫振动方程，用动力学方法解得，这是地震内力的求解途径之一。事实上，还有另一途径，就是基于反应谱理论，表出地震荷载，将其作用于结构（静定或超静定），用静力学方法解得地震内力。两种不同的途径给出的结果应当是一致的。

# 第七节　摇摆地面运动输入下的结构反应

现行的结构抗震计算理论和设计规程都是基于水平地面运动记录建立和制定的。摇摆地面运动记录非常少，仅有的少数还是借助理论推算得到的。

趋向性的看法认为摇摆地面运动对于一般结构并不十分重要，但软土地基上挠曲变形为主的高耸结构则还需重点深入研究。

这里仅将摇摆地面运动和水平地面运动作用下结构抗震计算的理论公式并列于表中，以供抗震工作者对比、研究和参考。

表 2.7.1 中，常用符号不用解释。现仅说明：$H$ 为结构高度，$\bar{h}$ 为集中质量的相对高度；$\theta_g(t)$ 为摇摆地面运动记录；$M_0$ 为倾覆力矩；$S_0$ 为基底剪力。

**表 2.7.1 摇摆地面运动和水平地面运动作用下结构抗震计算的理论公式对比**

| 地面运动 | 摇摆 | 水平 |
|---|---|---|
| 参与因数 | $\xi_r = \sum_i m_i \bar{h}_i \bar{u}_r(i) \Big/ \sum_i m_i \bar{u}_r^2(i)$ | $\eta_r = \sum_i m_i \bar{u}_r(i) \Big/ \sum_i m_i \bar{u}_r^2(i)$ |
| 地震荷载 | $S(i,t) = -Hm_i \sum_r \xi_r \bar{u}_r(i)[\ddot{\delta}_r(t) + \ddot{\theta}_g(t)]$ <br> $= H \sum_r m_i \omega_r^2 \xi_r \bar{u}_r(i) \delta_r(t)$ <br> $\ddot{\delta}_r + 2\varepsilon_r \omega_r \dot{\delta}_r + \omega_r^2 \delta_r = -\ddot{\theta}_g$ | $S(i,t) = -m_i \sum_r \eta_r \bar{u}_r(i)[\ddot{\delta}_r(t) + \ddot{u}_g(t)]$ <br> $= \sum_r m_i \omega_r^2 \eta_r \bar{u}_r(i) \delta_r(t)$ <br> $\ddot{\delta}_r + 2\varepsilon_r \omega_r \dot{\delta}_r + \omega_r^2 \delta_r = -\ddot{u}_g$ |
| 等效质量 | $m_r = \Big[\sum_i m_i \bar{h}_i \bar{u}_r(i)\Big]^2 \Big/ \sum_i m_i \bar{u}_r^2(i)$ | $m_r = \Big[\sum_i m_i \bar{u}_r(i)\Big]^2 \Big/ \sum_i m_i \bar{u}_r^2(i)$ |
| 等效质量之和 | $m^* = \sum_r m_r = \sum_i m_i \bar{h}_i^2 = \dfrac{J_0}{H^2} \leqslant \sum_i m_i$ | $m^* = \sum_r m_r = \sum_i m_i$ |
| 基底倾覆力矩或剪力 | $M_0 = -H^2 \sum_r m_r[\ddot{\delta}_r(t) + \ddot{\theta}_g(t)]$ | $S_0 = -\sum_r m_r[\ddot{\delta}_r(t) + \ddot{u}_g(t)]$ |
| 标准化振型 | $X_r(i) = m^* \bar{u}_r(i) \Big/ \sum_i m_i \bar{h}_i \bar{u}_r(i)$ | $X_r(i) = m^* \bar{u}_r(i) \Big/ \sum_i m_i \bar{u}_r(i)$ |
| 标准化振型参与因数 | $\xi_r^* = \dfrac{m_r}{m^*} \quad (m^* \leqslant \sum_i m_i)$ | $\eta_r^* = \dfrac{m_r}{m^*} \quad (m^* = \sum_i m_i)$ |

# 第八节　《工程抗震三字经[①]》摘要

## 1. 三字经

| | | | | |
|---|---|---|---|---|
| 1 | 太阳系 | 行星九 | 曰水火 | 木金土 |
| (2) | 天海冥[②] | 与地球 | 小行星 | 不计数 |
| | | | | |
| 2 | 阳光照 | 水充足 | 空气够 | 生命留 |
| (4) | 地球面 | 物竞生 | 我人类 | 万物灵 |
| | | | | |
| 3 | 地球状 | 若球形 | 地构造 | 层分明 |
| | 内外核 | 下上幔 | 莫霍面 | 壳底嵌 |
| (7) | 壳厚薄 | 不均匀 | 洋底亏 | 山峰盈 |

---

① 行首不加括号的数字表示段号；加括号的数字表示行号。如："2"表示第二段，"（2）"表示第二行。

② 冥王星曾被误认为是太阳系的第九个大行星。

| 4 | 板块说 | 漂移论 | 巧构思 | 多论证 |
| | 非洲西 | 南美东 | 海岸线 | 形相同 |
| （10） | 美欧间 | 地磁极 | 游动线 | 重轨迹 |

| 5 | 板缘处 | 地震孕 | 板块内 | 震也生 |
| | 二大带 | 有专名 | 曰欧亚 | 环太平 |

| 6 | 震发际 | 断层生 | 左右旋 | 逆与正 |
| （14） | 顺走向 | 沿倾斜 | 复组合 | 可重叠 |

| 7 | 时空强 | 与频度 | 活动性 | 地区殊 |
| | 大震寥 | 小震众 | 寻规律 | 统计用 |
| （17） | 半对数 | 绘直线 | 凭斜截 | 特征见 |

| 8 | 地震波 | 传输能 | 体内生 | 界面存 |
| | 两体波 | 各自行 | 纵先至 | 继而横 |
| | 表面波 | 深衰行 | 瑞雷①波 | 地表行 |
| | 椭圆迹 | 倒滚进 | 三二比 | 缓于横 |
| （22） | 勒夫②波 | 蛇步行 | 弥散性 | 软覆层 |

| 9 | 边界处 | 波入射 | 自由面 | 仅反射 |
| （24） | 介质间 | 反折并 | 反折角 | 斯③律定 |

| 10 | 弹性波 | 两情况 | 出面情 | 面内况 |
| | 前情况 | 入射横 | 反折射 | 仍为横 |
| | 纵或横 | 后情况 | 入射一 | 反折两 |
| （28） | 反折角 | 亦斯定 | 计能量 | 必守恒 |

| 11 | 震发处 | 称震源 | 研机理 | 此莫先 |
| | 地面影 | 谓震中 | 分布图 | 区划用 |

① Rayleigh。
② Love。
③ Snell。

| | | | |
|---|---|---|---|
| | 四震距 | 意各殊 | 计尺寸 | 略相符 |
| (32) | 源深度 | 系灾情 | 浅则重 | 深则轻 |

| | | | |
|---|---|---|---|
| 12 | 地动仪 | 张衡造 | 测震向 | 世最早 |
| | 地震仪 | 摆原理 | 相对动 | 测位移 |
| (35) | 拾取先 | 放大继 | 再记录 | 获信息 |

| | | | |
|---|---|---|---|
| 13 | 地震相 | 须分析 | 丰内容 | 多意义 |
| | 横纵波 | 差到时 | 虚波速 | 测距离 |
| (38) | 寻震中 | 巧施计 | 三圆弧 | 会一起 |

| | | | |
|---|---|---|---|
| 14 | 精设计 | 伍安①仪 | 测平动 | 定震级 |
| (40) | 破坏震 | 六至七 | 级上限 | 八点几 |

| | | | |
|---|---|---|---|
| 15 | 小震发 | 释歪能② | 大震生 | 能剧增 |
| (42) | 能对数 | 与震级 | 线性式 | 简关系 |

| | | | |
|---|---|---|---|
| 16 | 房灾害 | 万千例 | 情各异 | 须分析 |
| | 两种类 | 慎对比 | 第一类 | 数量稀 |
| | 害之因 | 在地基 | 失效后 | 房身纰 |
| | 损毁继 | 或倾移 | 何作用 | 乃静力 |
| | 另一种 | 量不稀 | 延性差 | 强度低 |
| (48) | 振动剧 | 抗不及 | 孰杀手 | 惯性力 |

| | | | |
|---|---|---|---|
| 17 | 烈度表 | 内容精 | 十二档 | 划分明 |
| | 人感觉 | 器反应 | 房损毁 | 地表情 |
| | 五度下 | 房不损 | 十度上 | 房难存 |
| (52) | 某地点 | 查灾情 | 取平均 | 烈度定 |

| | | | |
|---|---|---|---|
| 18 | 震突发 | 灾害生 | 赴现场 | 查村镇 |
| | 资料集 | 烈度评 | 包等值 | 勾图形 |
| (55) | 闭合圈 | 组成群 | 等震线 | 终确定 |

① Wood-Anderson。

② 应变能。

| 19<br>（57） | 圈套圈<br>低或高 | 有规矩<br>一二度 | 邻圈间<br>探场地 | 存异区<br>局部殊 |
| --- | --- | --- | --- | --- |
| 20<br>（59） | 震中烈<br>源深度 | 与震级<br>并虑及 | 互对应<br>有公式 | 有关系<br>可算计 |
| 21<br>（61） | 震距增<br>衰减式 | 烈度衰<br>型略同 | 寻规律<br>定系数 | 查震灾<br>回归用 |
| 22<br><br>（64） | 震害查<br>全村房<br>此指数 | 求精细<br>取平均<br>点二增 | 借指数<br>与烈度<br>彼烈度 | 应相宜<br>可对应<br>一度升 |
| 23<br><br><br>（68） | 震害情<br>场地土<br>场地内<br>孤突地 | 局部异<br>几分类<br>断层过<br>灾趋重 | 究主因<br>软加重<br>何影响<br>凹陷处 | 在场地<br>硬轻微<br>有评说<br>待研中 |
| 24<br><br><br>（72） | 地震动<br>因时异<br>地面上<br>地面下 | 分量六<br>随地变<br>结构众<br>结构少 | 三移动<br>地邻近<br>地运动<br>波掠射 | 三转扭<br>变不显<br>底作用<br>散和绕 |
| 25<br><br><br><br><br>（78） | 测强震<br>记峰值<br>线加速<br>竖平移<br>时程图<br>设台阵 | 有专仪<br>加速计<br>记录丰<br>加速比<br>多信息<br>量衰减 | 去失真<br>录时程<br>角加速<br>五七成<br>三要素<br>监错移 | 做处理<br>加速仪<br>谋捕中<br>据统计<br>峰频持<br>测多点 |
| 26<br><br>（81） | 震烈度<br>峰加速<br>众峰值 | 定性表<br>单指标<br>配成套 | 设计用<br>离散性<br>优方案 | 定量要<br>实偏高<br>多指标 |

| | | | |
|---|---|---|---|
| 27 | 强震生 | 举世惊 | 害特征 | 深铭心 |
| | 洛市①震 | 道桥摧 | 墩柱折 | 路面坠 |
| | 宫城震 | 毁管线 | 增延性 | 贵经验 |
| | 唐山震 | 砖厦塌 | 预制件 | 联结差 |
| | 费南多② | 柔底层 | 刚突变 | 震害根 |
| | 通海房 | 多坏损 | 场地效 | 探究深 |
| | 柯伊纳③ | 坝颈裂 | 何震因 | 研试选 |
| | 新潟震 | 砂液化 | 楼沉斜 | 超比萨 |
| | 墨城震 | 毁高房 | 厚软土 | 震波长 |
| | ……… | ……… | ……… | ……… |
| (91) | 震害例 | 难举尽 | 少存疑 | 多释清 |
| | | | | |
| 28 | 研振动 | 做分析 | 用理论 | 联实际 |
| | 结构学 | 解杆系 | 求变形 | 算内力 |
| | 弹性论 | 乃利器 | 解板壳 | 连续体 |
| (95) | 动力学 | 牛顿辟 | 第二律 | 主根基 |
| | | | | |
| 29 | 自由度 | 概念奥 | 须认真 | 深思考 |
| | 自振周 | 固有频 | 与模态 | 互对应 |
| | 振动际 | 能消耗 | 据机理 | 阻尼表 |
| (99) | 众模态 | 序列套 | 任两间 | 互正交 |
| | | | | |
| 30 | 抗地震 | 做计算 | 浅至深 | 多阶段 |
| (101) | 静力法 | 初阶段 | 刚性房 | 可验算 |
| | | | | |
| 31 | 二阶段 | 反应谱 | 豪与比④ | 功卓著 |
| | 单振子 | 拟结构 | 震作用 | 反应求 |
| | 远近震 | 场地土 | 与阻尼 | 做参数 |
| (105) | 峰反应 | 自振周 | 纵横标 | 绘谱图 |

---

① 洛杉矶。

② San Fernando。

③ Koyna。

④ Housner & Biot。

| 32 | 结构物 | 模态众 | 前数阶 | 贡献丰 |
| | 某模态 | 点次第 | 加速谱 | 参与系 |
| (108) | 与质量 | 模位移 | 连乘积 | 乃震力 |

| 33 | 震力下 | 求反应 | 解应力 | 算变形 |
| | 各模态 | 都贡献 | 巅峰值 | 非同现 |
| | 模组合 | 多方案 | 随机论 | 做评断 |
| (112) | 平方和 | 开平方 | 工程中 | 使用广 |

| 34 | 高建筑 | 自周长 | 精计算 | 实应当 |
| | 达氏*理 | 方程组 | 给地动 | 真记录 |
| (115) | 全过程 | 用电算 | 动力法 | 三阶段 |

| 35 | 振动剧 | 过屈服 | 裂缝现 | 呈弹塑 |
| | 给弹限 | 做电算 | 非线性 | 新阶段 |
| (118) | 峰变形 | 塑能耗 | 判破坏 | 双指标 |

| 36 | 常情下 | 结构物 | 抗竖载 | 潜力余 |
| (120) | 有例外 | 平伸梁 | 特高房 | 挡土墙 |

| 37 | 刚中心 | 质中心 | 此二心 | 宜相近 |
| | 巨设备 | 偏置情 | 移与扭 | 耦振生 |
| (123) | 给偏距 | 求反应 | 内力加 | 变形增 |

| 38 | 高柔房 | 与高塔 | 水平震 | 位移大 |
| | 竖载下 | 力矩加 | 平竖振 | 耦联化 |
| (118) | 非线性 | 增复杂 | 此效应 | $P - Delta$ |

| 39 | 长结构 | 多支点 | 地震动 | 差异显 |
| | 多输入 | 方程组 | 巧思路 | 二步求 |
| (129) | 拟静解 | 动力答 | 求总和 | 两相加 |

| 40 | 较刚房 | 坐柔基 | 互作用 | 共同系 |

---

\* 达朗贝尔。

|  |  |  |  |  |
|---|---|---|---|---|
|  | 基底下 | 能辐逸 | 此效果 | 增阻尼 |
|  | 自振周 | 趋更长 | 众模态 | 复杂状 |
|  | 频域法 | 子结构 | 求地抗 | 关键手 |
| （134） | 震剧烈 | 超弹性 | 时域法 | 另途径 |
| 41 | 挡水坝 | 平震下 | 动水压 | 载增加 |
|  | 刚坝情 | 名解答 | 先拓者 | 魏特嘎① |
|  | 柔坝情 | 水与坝 | 互作用 | 添复杂 |
| （138） | 据模态 | 求动压 | 影响阵 | 好算法 |
| 42 | 大楼顶 | 附小房 | 震害烈 | 曷非常 |
| （140） | 波动说 | 释迷惘 | 鞭挥舞 | 梢致殃 |
| 43 | 土震害 | 多种情 | 泥石流 | 隐断层 |
|  | 地变形 | 边坡滑 | 粉细砂 | 液态化 |
| （143） | 兴建址 | 慎选择 | 妥验算 | 土害遏 |
| 44 | 验坡稳 | 圆弧法 | 惜精度 | 未臻佳 |
|  | 希德氏② | 改进大 | 惟步骤 | 略复杂 |
| （146） | 判液化 | 法不罕 | 经验法 | 凭标贯 |
| 45 | 结构物 | 动试验 | 不可缺 | 认识源 |
|  | 扩观测 | 验理论 | 核调查 | 探材性 |
|  | 震作用 | 短历程 | 低循环 | 罕发生 |
| （150） | 动载下 | 弹模升 | 延性减 | 强度增 |
| 46 | 测房振 | 数据积 | 估自周 | 公式拟 |
|  | 强震后 | 自周长 | 加固后 | 又回降 |
| （153） | 据统计 | 判阻尼 | 因房情 | 各有异 |
| 47 | 振动台 | 震再现 | 惟比例 | 有局限 |
|  | 伪静力 | 液压载 | 大模型 | 显破坏 |

---

① Westergaard。

② Seed。

|  |  |  |  |  |
|---|---|---|---|---|
| （157） | 此伪静<br>加载状 | 电脑系<br>似动力 | 瞬反应<br>假充真 | 回输易<br>伪动力 |
| 48<br>（159） | 结构物<br>恢复力 | 材型广<br>各式样 | 砖砼钢<br>模型图 | 墙板框<br>试验创 |
| 49<br><br><br>（163） | 工程师<br>结构物<br>一般房<br>重且巨 | 做设计<br>抗地震<br>遵规范<br>核电站 | 保安全<br>据价值<br>按区划<br>精科研 | 求经济<br>级划分<br>做计算<br>细查勘 |
| 50<br><br>（166） | 房设计<br>遇中震<br>做验算 | 三水准<br>修复能<br>两次行 | 逢小震<br>遭大震<br>承载力 | 不坏损<br>架犹存<br>塑变形 |
| 51<br>（168） | 巨工程<br>地震动 | 有寿期<br>供设计 | 危险性<br>各指标 | 做分析<br>概率义 |
| 52<br><br><br><br>（172） | 积经验<br>房抗震<br>体型匀<br>各部件 | 悟对策<br>好设计<br>避突变<br>等安全 | 据理论<br>首要事<br>材强够<br>多支撑 | 晓原则<br>硬场地<br>耐伸延<br>重防线 |
| 53<br><br><br><br>（176） | 设计事<br>砖砌房<br>砼框房<br>钢厂房 | 难万全<br>限楼高<br>柱须强<br>焊缝严 | 加措施<br>配砼柱<br>筋加密<br>斜撑稳 | 增安全<br>圈梁浇<br>设剪墙<br>架牢联 |
| 54<br><br><br><br><br><br>（182） | 乡建房<br>便农事<br>天灾至<br>地坚实<br>墙柱联<br>屋顶轻 | 重经济<br>施工易<br>常不意<br>基可靠<br>开间小<br>檐梁绕 | 当地材<br>庭院配<br>抗地震<br>层须少<br>撑必要<br>遵此道 | 简设计<br>独一体<br>勿麻痹<br>切莫高<br>接头牢<br>安全好 |

| 55 | 廿世纪 | 末十年 | 减灾害 | 树宏愿 |
| | 我中华 | 阔幅员 | 震虫洪 | 时有现 |
| (185) | 排民患 | 科技先 | 震工者 | 勤苦研 |

## 2. 千字文

| 1 | 太阳系族 | 行星有九 |
| | 水星火星 | 木金与土 |
| | 天海冥王 | 并我地球 |
| (4) | 小小行星 | 不计其数 |

| 2 | 阳光照射 | 水分充足 |
| | 空气足够 | 生命存留 |
| | 地球表面 | 适者生存 |
| (8) | 我辈人类 | 万物之灵 |

| 3 | 地球概状 | 若梨球形 |
| | 球体构造 | 成层分明 |
| | 内外地核 | 下上地幔 |
| | 莫霍球面 | 壳底入嵌 |
| | 地壳厚薄 | 分布不匀 |
| (14) | 山峰盈余 | 洋底亏损 |

| 4 | 板块学说 | 漂移理论 |
| | 深邃构思 | 诸多论证 |
| | 非洲西陲 | 南美沿东 |
| | 海岸边线 | 形状略同 |
| | 美非美欧 | 南北磁极 |
| (20) | 游动曲线 | 重合轨迹 |

| 5 | 板块边缘 | 地震育孕 |
| | 板块腹内 | 地震也生 |
| | 二大区带 | 各有专名 |
| (24) | 欧亚大陆 | 环绕太平 |

| 6 | 震发之际 | 断层遽生 |
| --- | --- | --- |
| | 左旋右转 | 有逆有正 |
| | 或顺走向 | 或沿倾斜 |
| (28) | 复杂组合 | 可能重叠 |

| 7 | 时空与强 | 震发频度 |
| --- | --- | --- |
| | 活动特性 | 地区各殊 |
| | 大震极寥 | 小震甚众 |
| | 寻找规律 | 统计须用 |
| | 半对数图 | 描绘直线 |
| (34) | 凭借斜截 | 特征可见 |

| 8 | 震波传播 | 载输巨能 |
| --- | --- | --- |
| | 体内也生 | 界面也存 |
| | 体波两种 | 各自行进 |
| | 纵波先到 | 继到者横 |
| | 表面震波 | 深衰特征 |
| | 瑞雷氏波 | 地表面行 |
| | 椭圆轨迹 | 倒滚前进 |
| | 竖三平二 | 速缓于横 |
| | 勒夫氏波 | 蛇步行进 |
| (44) | 弥散特性 | 软覆盖层 |

| 9 | 边界面处 | 震波入射 |
| --- | --- | --- |
| | 自由表面 | 仅有反射 |
| | 介质触面 | 反折射并 |
| (48) | 反折射角 | 斯氏律定 |

| 10 | 弹性震波 | 两类情形 |
| --- | --- | --- |
| | 出平面情 | 平面内情 |
| | 前类情形 | 入射为横 |
| | 反折射波 | 依归为横 |
| | 后类情形 | 或横或纵 |
| | 入射一种 | 反折两种 |

|  |  |  |
|---|---|---|
|  | 反折射角 | 亦斯律定 |
| （56） | 计算能量 | 必定守恒 |
|  |  |  |
| 11 | 地震生处 | 称为震源 |
|  | 研究机理 | 此题为先 |
|  | 地面投影 | 谓之震中 |
|  | 分布地图 | 区划须用 |
|  | 四种震距 | 意义各殊 |
|  | 计量尺寸 | 约略相符 |
|  | 震源深度 | 关系灾情 |
| （64） | 浅源则重 | 深源则轻 |
|  |  |  |
| 12 | 古地动仪 | 汉张衡造 |
|  | 观测震向 | 世界最早 |
|  | 今地震仪 | 摆之原理 |
|  | 相对运动 | 量测位移 |
|  | 拾取在先 | 放大为继 |
| （70） | 再取记录 | 捕获信息 |
|  |  |  |
| 13 | 波图震相 | 须做分析 |
|  | 丰富内容 | 众多意义 |
|  | 横纵震波 | 相差到时 |
|  | 虚拟波速 | 测算距离 |
|  | 寻觅震中 | 巧妙施计 |
| （76） | 三段圆弧 | 交会一起 |
|  |  |  |
| 14 | 精心设计 | 伍安氏仪 |
|  | 测量平动 | 确定震级 |
|  | 破坏性震 | 六至七级 |
| （80） | 震级上限 | 八点又几 |
|  |  |  |
| 15 | 小地震发 | 释应变能 |
|  | 大地震生 | 释能剧增 |
|  | 能量对数 | 地震震级 |

| | | |
|---|---|---|
| （84） | 直线公式 | 简明关系 |
| | | |
| 16 | 房屋灾害 | 千例万例 |
| | 情形各异 | 须做分析 |
| | 两大种类 | 宜慎对比 |
| | 第一大类 | 数量甚稀 |
| | 震害之因 | 在于地基 |
| | 失效后果 | 房身裂纰 |
| | 损毁为继 | 或生倾移 |
| | 何种作用 | 实为静力 |
| | 另外一种 | 数量不稀 |
| | 延性差欠 | 强度偏低 |
| | 振动剧烈 | 抗御不及 |
| （96） | 孰为杀手 | 乃惯性力 |
| | | |
| 17 | 烈度用表 | 内容简精 |
| | 强弱十二 | 档次分明 |
| | 人体感觉 | 器物反应 |
| | 房屋损毁 | 地表害情 |
| | 五度以下 | 房屋不损 |
| | 十度以上 | 房屋难存 |
| | 震区某村 | 遍查灾情 |
| （104） | 求取平均 | 烈度确定 |
| | | |
| 18 | 地震突发 | 灾害即生 |
| | 赶赴现场 | 调查村镇 |
| | 资料收集 | 烈度评定 |
| | 外包等值 | 勾画图形 |
| | 闭合圈圈 | 组合成群 |
| （110） | 等震曲线 | 最终确定 |
| | | |
| 19 | 圈圈相套 | 分明规矩 |
| | 邻圈之间 | 偶存异区 |
| | 或低或高 | 一至二度 |

|        |        |        |
|--------|--------|--------|
| （114） | 探查场地 | 局部特殊 |
|        |        |        |
| 20     | 震中烈度 | 地震震级 |
|        | 相互对应 | 一定关系 |
|        | 震源深度 | 一并虑及 |
| （118） | 简明公式 | 可以算计 |
|        |        |        |
| 21     | 震距增加 | 烈度减衰 |
|        | 寻找规律 | 调查震灾 |
|        | 衰减公式 | 造型略同 |
| （122） | 确定系数 | 回归须用 |
|        |        |        |
| 22     | 震害询查 | 力求精细 |
|        | 借助指数 | 实为相宜 |
|        | 全村房屋 | 求取平均 |
|        | 相与烈度 | 可以对应 |
|        | 此等指数 | 点二加增 |
| （128） | 彼等烈度 | 一度上升 |
|        |        |        |
| 23     | 震害情形 | 局部奇异 |
|        | 探源究因 | 在于场地 |
|        | 场地基土 | 几档分类 |
|        | 软则加重 | 硬则轻微 |
|        | 场地区内 | 断层通过 |
|        | 何种影响 | 新评旧说 |
|        | 孤突山包 | 灾情趋重 |
| （136） | 凹陷地形 | 待研之中 |
|        |        |        |
| 24     | 地震震动 | 分量有六 |
|        | 三向移动 | 二摇一扭 |
|        | 因时而异 | 随地而变 |
|        | 二地邻近 | 变也不显 |
|        | 地面以上 | 结构甚众 |
|        | 地震运动 | 基底作用 |

|   |   |
|---|---|
| | 地面以下 | 结构极少 |
| （144） | 震波掠射 | 曰散曰绕 |
| | | |
| 25 | 测量强震 | 特制专仪 |
| | 去除失真 | 并做处理 |
| | 记录峰值 | 加速度计 |
| | 记录时程 | 加速度仪 |
| | 线加速度 | 记录硕丰 |
| | 角加速度 | 谋捕之中 |
| | 竖平移动 | 峰加速比 |
| | 五至七成 | 根据统计 |
| | 时程记录 | 多种信息 |
| | 三大要素 | 峰频与持 |
| | 设立台阵 | 为量衰减 |
| （156） | 为监错移 | 为测多点 |
| | | |
| 26 | 地震烈度 | 定性述表 |
| | 设计使用 | 定量必要 |
| | 峰加速度 | 单一指标 |
| | 离散统计 | 确实偏高 |
| | 有关峰值 | 相配成套 |
| （162） | 优化方案 | 多个指标 |
| | | |
| 27 | 强震发生 | 举世关心 |
| | 灾害特征 | 深入刻铭 |
| | 洛杉矶震 | 道桥摧毁 |
| | 墩断柱折 | 路面落坠 |
| | 宫城县震 | 毁坏管线 |
| | 增加延性 | 宝贵经验 |
| | 唐山地震 | 砖厦倒塌 |
| | 预制构件 | 联结忒差 |
| | 费尔南多 | 柔性底层 |
| | 刚性突变 | 震害祸根 |
| | 通海地震 | 房多坏损 |

场地效应　　　　探究详深
柯伊纳震　　　　坝颈断裂
何为震因　　　　研试频迭
新潟地震　　　　砂土液化
高楼沉斜　　　　远超比萨
墨西哥城　　　　震毁高房
厚软基土　　　　震波甚长
……　　　　　　……
地震害例　　　　难以举尽
（182）少量存疑　　　　多数释清

28　研究振动　　　　须做分析
运用理论　　　　联系实际
结构力学　　　　求解杆系
计算变形　　　　计算内力
弹性理论　　　　实乃利器
可解板壳　　　　可解连体
振动力学　　　　牛顿奠立
（190）第二定律　　　　理论根基

29　自由度数　　　　概念重要
认真仔细　　　　深思熟考
固有频率　　　　自振周期
皆与振型　　　　对应关系
振动过程　　　　能量耗损
根据机理　　　　阻尼表征
众多振型　　　　序列成套
（198）任两振型　　　　相互正交

30　结构抗震　　　　须做计算
由浅至深　　　　多个阶段
静力方法　　　　初级阶段
（202）刚性房屋　　　　可做验算

| 31 | 第二阶段 | 反应谱法 |
| | 豪氏比氏 | 功绩巨大 |
| | 单一振子 | 模拟结构 |
| | 地震作用 | 反应可求 |
| | 远近地震 | 几类基土 |
| | 阻尼比值 | 作为参数 |
| | 最大反应 | 振子自周 |
| （210） | 纵横坐标 | 勾绘谱图 |

| 32 | 工程结构 | 振型甚众 |
| | 最低数阶 | 贡献最丰 |
| | 给定振型 | 给定点序 |
| | 加速谱值 | 参与系数 |
| | 还有质量 | 振型位移 |
| （216） | 相连乘积 | 乃地震力 |

| 33 | 地震力下 | 求解反应 |
| | 算出应力 | 算出变形 |
| | 各阶振型 | 都有贡献 |
| | 最大峰值 | 并非同现 |
| | 振型组合 | 多种方案 |
| | 随机理论 | 可做评断 |
| | 平方之和 | 再开平方 |
| （224） | 工程界中 | 使用甚广 |

| 34 | 高耸建筑 | 自周甚长 |
| | 精确计算 | 实为应当 |
| | 达朗贝尔 | 方程式组 |
| | 给定地动 | 真实记录 |
| | 全部时程 | 电脑数算 |
| （230） | 动力方法 | 第三阶段 |

| 35 | 振动剧烈 | 超过屈服 |
| | 裂缝显现 | 进入弹塑 |

|  | 给定弹限 | 完成电算 |
|  | 非直线性 | 最新阶段 |
|  | 最大变形 | 累计能耗 |
| （236） | 判别破坏 | 双重指标 |

| 36 | 常规情形 | 建构筑物 |
|  | 抗御竖载 | 潜力有余 |
|  | 少有例外 | 水平伸梁 |
| （240） | 特高楼房 | 挡土侧墙 |

| 37 | 刚度中心 | 质量中心 |
|  | 此二中心 | 宜尽相近 |
|  | 巨大设备 | 偏置情形 |
|  | 移动扭转 | 耦振发生 |
|  | 给定偏距 | 求解反应 |
| （246） | 内力必加 | 变形必增 |

| 38 | 高柔房屋 | 高耸塔架 |
|  | 水平震下 | 位移甚大 |
|  | 竖载作用 | 力矩增加 |
|  | 平竖振动 | 联立耦化 |
|  | 非直线性 | 更增复杂 |
| （252） | 此种效应 | 称 P-Delta |

| 39 | 长大结构 | 多个支点 |
|  | 地震震动 | 差异明显 |
|  | 多点输入 | 方程式组 |
|  | 二步求解 | 高明思路 |
|  | 先拟静解 | 继动力答 |
| （258） | 求取总和 | 静动相加 |

| 40 | 较刚房屋 | 坐落柔基 |
|  | 相互作用 | 共同体系 |
|  | 基底面下 | 能量辐逸 |

如此效果　　　　　增加阻尼
自振周期　　　　　趋于更长
众多振型　　　　　复杂状况
频域方法　　　　　子结构图
地基阻抗　　　　　关键步骤
震动剧烈　　　　　超过弹性
（268）时域方法　　　　　另辟途径

41　　挡水大坝　　　　　水平震下
动水压力　　　　　荷载增加
刚坝情形　　　　　著名解答
先拓学者　　　　　魏斯特嘎
柔坝情形　　　　　库水与坝
相互作用　　　　　增添复杂
根据振型　　　　　求解动压
（276）影响矩阵　　　　　计算佳法

42　　大楼屋顶　　　　　附属小房
震害剧烈　　　　　何故非常
波动学说　　　　　巧释迷惘
（280）鞭条挥舞　　　　　梢端致殃

43　　土工震害　　　　　多种情形
泥石流动　　　　　隐埋断层
地面变形　　　　　边坡移滑
细粉砂土　　　　　液态变化
兴建场址　　　　　慎重选择
（286）稳妥验算　　　　　土害制遏

44　　验算坡稳　　　　　圆弧方法
可惜精度　　　　　未臻上佳
学者希德　　　　　改进甚大
惟是步骤　　　　　略嫌复杂
判别液化　　　　　途径不罕

| | | |
|---|---|---|
| （292） | 经验方法 | 凭借标贯 |
| 45 | 工程结构 | 动力试验 |
| | 不可或缺 | 认识根源 |
| | 扩展观测 | 检验理论 |
| | 核对调查 | 探明材性 |
| | 地震作用 | 短暂历程 |
| | 低周循环 | 罕有发生 |
| | 动载之下 | 弹模上升 |
| （300） | 延性减小 | 强度加增 |
| 46 | 测量房振 | 数据累积 |
| | 估算自周 | 公式建立 |
| | 强震袭击 | 自周增长 |
| | 加固补强 | 重新回降 |
| | 基于统计 | 判估阻尼 |
| （306） | 因据房情 | 各有差异 |
| 47 | 振动台上 | 地震再现 |
| | 模型比例 | 自有局限 |
| | 伪静装置 | 液压加载 |
| | 大尺模型 | 显现破坏 |
| | 此伪静力 | 电脑相系 |
| | 瞬时反应 | 回输便易 |
| | 加载性状 | 似若动力 |
| （314） | 以假充真 | 称伪动力 |
| 48 | 工程结构 | 材多型广 |
| | 砖砼与钢 | 墙板与框 |
| | 恢复力图 | 各种式样 |
| （318） | 模型曲线 | 试验研创 |
| 49 | 工程人员 | 致力设计 |
| | 保证安全 | 务求经济 |

建构筑物　　　抗御地震
根据价值　　　等级划分
一般结构　　　遵循规范
按照区划　　　完成计算
重要且巨　　　原子电站
（326）　精心科研　　　细致查勘

50　房屋设计　　　三级水准
逢小地震　　　不致坏损
遇中地震　　　修复可能
遭大地震　　　骨架犹存
结构验算　　　两次进行
（332）　验承载力　　　算塑变形

51　巨大工程　　　皆有寿期
地震风险　　　应做分析
场地运动　　　专供设计
（336）　各类指标　　　概率意义

52　积累经验　　　领悟对策
根据理论　　　知晓原则
房屋抗震　　　佳作设计
首先要事　　　坚硬场地
体型均匀　　　避免突变
材强足够　　　可耐伸延
主要部件　　　相等安全
（344）　赘余支撑　　　重叠防线

53　设计验算　　　难保万全
预加措施　　　更增安全
砌块砖房　　　限制楼高
构造砼房　　　圈梁现浇
框架砼房　　　须保柱强
钢筋加密　　　设剪力墙
钢材厂房　　　焊实缝严

| | | |
|---|---|---|
| （352） | 斜撑稳定 | 排架牢联 |
| 54 | 乡村建房 | 侧重经济 |
| | 就地取材 | 扼要设计 |
| | 方便农事 | 施工简易 |
| | 庭院相配 | 独自一体 |
| | 天灾突至 | 常出不意 |
| | 抗御地震 | 切勿麻痹 |
| | 场地坚实 | 基础可靠 |
| | 楼层须少 | 宁矮莫高 |
| | 墙柱相联 | 开间宜小 |
| | 支撑必要 | 接头牢靠 |
| | 屋顶应轻 | 檐梁环绕 |
| （364） | 遵循此道 | 安全定好 |
| 55 | 二十世纪 | 末尾十年 |
| | 减轻灾害 | 树立宏愿 |
| | 伟大中华 | 辽阔幅员 |
| | 震虫洪旱 | 不时有现 |
| | 排除民患 | 科技当先 |
| （370） | 震工同仁 | 勤学苦研 |

# 第三章 "节构历学（JGLX）"

## 第一节 用初浅算术演算年历中的日常作业题

如今在世的人们以及他们的祖辈基本上生活在 1901～2099 这 199 年时段之中，此时段中设闰简单且规则（每四年一闰，4 能整除之年为闰年，不能整除之年为平年，无废闰之年），共 150 个平年，49 个闰年。

现在探求确定这 199 年时段中某年某月某日是星期几的极简单的初浅算术计算方法。

**第一步**。首先要确定某年元旦是星期几。翻阅近年的日历、月历，可以造出表 3.1.1。易查知表中的数据群（星期几）是循环出现的，周期为 28 年。

注意，如果某平年元旦是星期一或星期二或……或星期日，则次年元旦就后延一天，分别是星期二或星期三或……或星期一。如果某闰年元旦是星期一或星期二或……或星期日，则次年元旦就后延两天，分别是星期三或星期四或……或星期二。这是由于每个平年共计 365 天，$365 = 52 \times 7 + 1$，每个闰年共计 366 天，$366 = 52 \times 7 + 2$。

从 2001～2028 这 28 年可取为典型的循环时段。将过去的某年加上若干个 28 年或将未来的某年减去若干个 28 年，使结果落于表 3.1.1 所示的典型时段中，于是立即读出该年元旦是星期几。

**第二步**。某年元旦是星期几既经确定，进一步要设法确定该年各个月份的首日是星期几。

不难推算，如果某大月首日是星期一或星期二或……或星期日，则次月首日就后延三天，分别是星期四或星期五或……或星期三；这是由于每个大月共计 31 天，$31 = 4 \times 7 + 3$。仿之，如果某小月首日是星期一或……，则次月首日就后延两天，分别是星期三或……；这是由于每个小月共计 30 天，$30 = 4 \times 7 + 2$。如果闰 2 月首日是星期一或……，则次月首日就后延一天，分别是星期二或……；这是由于每个闰 2 月共计 29 天，$29 = 4 \times 7 + 1$。如果平 2 月首日是星期一或……，则次月首日也是星期一或……，不后延；这是由于每个平 2 月共计 28 天，$28 = 4 \times 7 + 0$。

将上述推算结果进行系统化整理，列出表 3.1.2。这样一来，如果某年元旦是星期几已知（第一步），则该年各个月份的首日是星期几就一目了然。

现举例解说表 3.1.2 的读取方法：如果某年元旦是星期二，则该年（平年）6 月或该年（闰年）3 月和 11 月的首日是星期六。

**第三步**。任何一个月份首日是星期几确定后，该月任何一天是星期几就非常容易确定了。将这一天的序号减去若干个 7 之后再减去 1，所得结果就是自首日是星期几后延的天数。后延的顺序是……星期五、六、日、一、二、……、五、六、日、一、二、……。

表 3.1.1　某年（1901～2099）元旦是星期几

| 最近数十年 | 元旦是星期几 |
|---|---|
| …… | …… |
| 1998 | 四 |
| 1999 | 五 |
| 2000（闰） | 六 |
| 2001 | 一 |
| 2002 | 二 |
| 2003 | 三 |
| 2004（闰） | 四 |
| 2005 | 六 |
| 2006 | 日 |
| 2007 | 一 |
| 2008（闰） | 二 |
| 2009 | 四 |
| 2010 | 五 |
| 2011 | 六 |
| 2012（闰） | 日 |
| 2013 | 二 |
| 2014 | 三 |
| 2015 | 四 |
| 2016（闰） | 五 |
| 2017 | 日 |
| 2018 | 一 |
| 2019 | 二 |
| 2020（闰） | 三 |
| 2021 | 五 |
| 2022 | 六 |
| 2023 | 日 |
| 2024（闰） | 一 |
| 2025 | 三 |
| 2026 | 四 |
| 2027 | 五 |
| 2028（闰） | 六 |
| 2029 | 一 |
| 2030 | 二 |
| 2031 | 三 |
| …… | …… |

典型时段（2001～2028）

**表 3.1.2　某年某月首日是星期几**

| 某月首日是星期几 | | 某年元旦 | | | | | | |
|---|---|---|---|---|---|---|---|---|
| 平年 | 闰年 | 星期日 | 星期一 | 星期二 | 星期三 | 星期四 | 星期五 | 星期六 |
| 10 月 | 4、7 月 | 日 | 一 | 二 | 三 | 四 | 五 | 六 |
| 5 月 | 10 月 | 一 | 二 | 三 | 四 | 五 | 六 | 日 |
| 8 月 | 5 月 | 二 | 三 | 四 | 五 | 六 | 日 | 一 |
| 2、3、11 月 | 2、8 月 | 三 | 四 | 五 | 六 | 日 | 一 | 二 |
| 6 月 | 3、11 月 | 四 | 五 | 六 | 日 | 一 | 二 | 三 |
| 9、12 月 | 6 月 | 五 | 六 | 日 | 一 | 二 | 三 | 四 |
| 4、7 月 | 9、12 月 | 六 | 日 | 一 | 二 | 三 | 四 | 五 |

以下举出小例，例中某年时间分别为过去和未来。

**例 3.1.1**　芦沟桥事变发生在 1937 年 7 月 7 日，这一天是星期几？

［解］

$$1937 + 3 \times 28 = 2021$$

2021 落于典型循环时段。查表 3.1.1，知 1937 或 2021 为平年，元旦是星期五。

查表 3.1.2，又知 7 月首日是星期四。

对日序号做计算

$$7 - 1 = 6$$

于是自星期四后延 6 天便是星期三。

**例 3.1.2**　2088 年的"三八"妇女节这一天是星期几？

［解］

$$2088 - 3 \times 28 = 2004$$

2004 落于典型循环时段。查表 3.1.1，知 2088 或 2004 为闰年，元旦是星期四。

查表 3.1.2，又知 3 月首日是星期一。

对日序号做计算

$$8 - 7 - 1 = 0$$

于是不用后延，就可认定 2088 年的妇女节是星期一。

# 第二节 试命名几个年历中的称谓

年历、月历的制作应遵循一定的历法规则。如果领会了这规则，自己动手制作年历、月历是很容易的。

**1. 月日数组和星期框架**

表3.2.1中备好"月日数组"（基本相同的四种，分别适用于大月、小月、闰2月和平2月）。如果知道某月首日是星期几后，将"星期框架"在适当位置投下，即得月历。

表3.2.1中展示四个小例。

一年十二个月的月历顺次排列合成，就是年历。

表3.2.1　自制月历举例

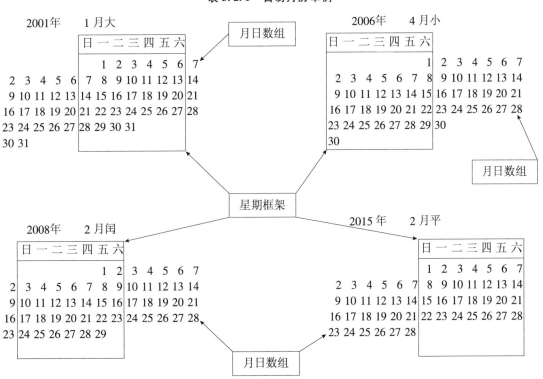

**2. 样本年历、样本月历**

对于平年，尽管各年在世纪中的序号不同，但如果给定元旦是星期几，则这些年的年历的构成都是一样的（例如2001，2007，2018，2029，……），于是总共有、且仅有七种不同的平年年历。

仿之，对于闰年，尽管各年在世纪中的序号不同，但如果给定元旦是星期几，则这些年的年历的构成也都是一样的（例如2004，2032，2060，……），于是总共有、且仅有另七种不同的闰年年历。

表 3.2.2  样本年历暨样本月历选例
平年样本 P1

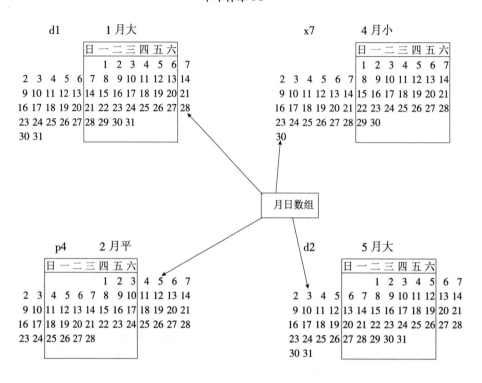

d1          1月大

| 日 | 一 | 二 | 三 | 四 | 五 | 六 |
|---|---|---|---|---|---|---|
|   |   | 1 | 2 | 3 | 4 | 5 | 6 | 7 |
| 2 | 3 | 4 | 5 | 6 | 7 | 8 | 9 | 10 | 11 | 12 | 13 | 14 |
| 9 | 10 | 11 | 12 | 13 | 14 | 15 | 16 | 17 | 18 | 19 | 20 | 21 |
| 16 | 17 | 18 | 19 | 20 | 21 | 22 | 23 | 24 | 25 | 26 | 27 | 28 |
| 23 | 24 | 25 | 26 | 27 | 28 | 29 | 30 | 31 |
| 30 | 31 |

x7          4月小

p4          2月平

d2          5月大

d4          3月大

x5          6月小

月日数组

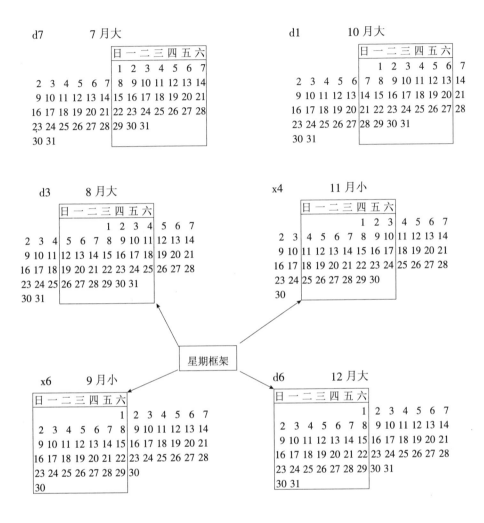

d3　　　　1月大

| 日 | 一 | 二 | 三 | 四 | 五 | 六 |
|---|---|---|---|---|---|---|
|  |  | 1 | 2 | 3 | 4 | 5 |
| 6 | 7 |
| 2 | 3 | 4 | 5 | 6 | 7 | 8 | 9 | 10 | 11 | 12 | 13 | 14 |
| 9 | 10 | 11 | 12 | 13 | 14 | 15 | 16 | 17 | 18 | 19 | 20 | 21 |
| 16 | 17 | 18 | 19 | 20 | 21 | 22 | 23 | 24 | 25 | 26 | 27 | 28 |
| 23 | 24 | 25 | 26 | 27 | 28 | 29 | 30 | 31 |
| 30 | 31 |

x3　　　　4月小

| 日 | 一 | 二 | 三 | 四 | 五 | 六 |
|---|---|---|---|---|---|---|
|  |  | 1 | 2 | 3 | 4 | 5 | 6 | 7 |
| 2 | 3 | 4 | 5 | 6 | 7 | 8 | 9 | 10 | 11 | 12 | 13 | 14 |
| 9 | 10 | 11 | 12 | 13 | 14 | 15 | 16 | 17 | 18 | 19 | 20 | 21 |
| 16 | 17 | 18 | 19 | 20 | 21 | 22 | 23 | 24 | 25 | 26 | 27 | 28 |
| 23 | 24 | 25 | 26 | 27 | 28 | 29 | 30 |
| 30 |

r6　　　　2月闰

| 日 | 一 | 二 | 三 | 四 | 五 | 六 |
|---|---|---|---|---|---|---|
|  |  |  |  |  |  | 1 |
| 2 | 3 | 4 | 5 | 6 | 7 |
| 2 | 3 | 4 | 5 | 6 | 7 | 8 | 9 | 10 | 11 | 12 | 13 | 14 |
| 9 | 10 | 11 | 12 | 13 | 14 | 15 | 16 | 17 | 18 | 19 | 20 | 21 |
| 16 | 17 | 18 | 19 | 20 | 21 | 22 | 23 | 24 | 25 | 26 | 27 | 28 |
| 23 | 24 | 25 | 26 | 27 | 28 | 29 |

d5　　　　5月大

| 日 | 一 | 二 | 三 | 四 | 五 | 六 |
|---|---|---|---|---|---|---|
|  |  |  |  |  | 1 | 2 |
| 3 | 4 | 5 | 6 | 7 |
| 2 | 3 | 4 | 5 | 6 | 7 | 8 | 9 | 10 | 11 | 12 | 13 | 14 |
| 9 | 10 | 11 | 12 | 13 | 14 | 15 | 16 | 17 | 18 | 19 | 20 | 21 |
| 16 | 17 | 18 | 19 | 20 | 21 | 22 | 23 | 24 | 25 | 26 | 27 | 28 |
| 23 | 24 | 25 | 26 | 27 | 28 | 29 | 30 | 31 |
| 30 | 31 |

d7　　　　3月大

| 日 | 一 | 二 | 三 | 四 | 五 | 六 |
|---|---|---|---|---|---|---|
|  | 1 | 2 | 3 | 4 | 5 | 6 | 7 |
| 2 | 3 | 4 | 5 | 6 | 7 | 8 | 9 | 10 | 11 | 12 | 13 | 14 |
| 9 | 10 | 11 | 12 | 13 | 14 | 15 | 16 | 17 | 18 | 19 | 20 | 21 |
| 16 | 17 | 18 | 19 | 20 | 21 | 22 | 23 | 24 | 25 | 26 | 27 | 28 |
| 23 | 24 | 25 | 26 | 27 | 28 | 29 | 30 | 31 |
| 30 | 31 |

x1　　　　6月小

| 日 | 一 | 二 | 三 | 四 | 五 | 六 |
|---|---|---|---|---|---|---|
|  |  |  |  |  | 1 | 2 | 3 | 4 | 5 | 6 | 7 |
| 2 | 3 | 4 | 5 | 6 | 7 | 8 | 9 | 10 | 11 | 12 | 13 | 14 |
| 9 | 10 | 11 | 12 | 13 | 14 | 15 | 16 | 17 | 18 | 19 | 20 | 21 |
| 16 | 17 | 18 | 19 | 20 | 21 | 22 | 23 | 24 | 25 | 26 | 27 | 28 |
| 23 | 24 | 25 | 26 | 27 | 28 | 29 | 30 |
| 30 |

d3　　　　7月大

| 日 | 一 | 二 | 三 | 四 | 五 | 六 |
|---|---|---|---|---|---|---|
| | | | | 1 | 2 | 3 | 4 | 5 | 6 | 7 |

```
                  1  2  3  4 | 5  6  7
 2  3  4 | 5  6  7  8  9 10 11|12 13 14
 9 10 11|12 13 14 15 16 17 18|19 20 21
16 17 18|19 20 21 22 23 24 25|26 27 28
23 24 25|26 27 28 29 30 31
30 31
```

d4　　　　10月大

```
                  1  2  3 | 4  5  6  7
 2  3 | 4  5  6  7  8  9 10|11 12 13 14
 9 10|11 12 13 14 15 16 17|18 19 20 21
16 17|18 19 20 21 22 23 24|25 26 27 28
23 24|25 26 27 28 29 30 31
30 31
```

d6　　　　8月大

```
                              1 | 2  3  4  5  6  7
 2  3  4  5  6  7  8 | 9 10 11 12 13 14
 9 10 11 12 13 14 15|16 17 18 19 20 21
16 17 18 19 20 21 22|23 24 25 26 27 28
23 24 25 26 27 28 29|30 31
30 31
```

x7　　　　11月小

```
                  1  2  3  4  5  6  7
 2  3  4  5  6  7  8 | 8  9 10 11 12 13 14
 9 10 11 12 13 14|15 16 17 18 19 20 21
16 17 18 19 20 21|22 23 24 25 26 27 28
23 24 25 26 27 28|29 30
30
```

x2　　　　9月小

```
                  1  2  3  4  5 | 6  7
 2  3  4  5 | 6  7  8  9 10 11 12|13 14
 9 10 11 12|13 14 15 16 17 18 19|20 21
16 17 18 19|20 21 22 23 24 25 26|27 28
23 24 25 26|27 28 29 30
30
```

d2　　　　12月大

```
                  1  2  3  4  5 | 6  7
 2  3  4  5 | 6  7  8  9 10 11 12|13 14
 9 10 11 12|13 14 15 16 17 18 19|20 21
16 17 18 19|20 21 22 23 24 25 26|27 28
23 24 25 26|27 28 29 30 31
30 31
```

这十四种年历很容易参照表 3.2.1 制作，称之为样本年历。

为使用方便起见，七种平年样本年历编号为 P1，P2，……，P7，七种闰年样本年历编号为 R1，R2，……，R7。年历 P1 和 R1 的元旦是星期一，P2 和 R2 的元旦是星期二，……，P7 和 R7 的元旦是星期日（七）。表 3.2.2 展示仅有的十四种样本年历中的 P1 和 $R_3$。

十四种样本年历由二十八种样本月历组合而成。大月样本月历的编号为 d1，d2，……，d7；小月为 x1，x2，……，x7；闰 2 月为 r1，r2，……，r7；平 2 月为 p1，p2，……，p7。注号 1，2，……，7 表示该月首日是星期一，星期二，……，星期日。样本月历也展示在表 3.2.2 中。

样本年历与样本月历的简练的对应关系如表 3.2.3 所示。不规则的数据群中显露一些局部的"规律性"。

表 3.2.3　样本年历由样本月历组成表解

| 月份 | | 1 | 2 | | 3 | 4 | 5 | 6 | 7 | 8 | 9 | 10 | 11 | 12 |
|---|---|---|---|---|---|---|---|---|---|---|---|---|---|---|
| 样本月历 | | d | p | r | d | x | d | x | d | x | d | x | d |
| 样本年历 P | 1 | 1 | 4 | — | 4 | 7 | 2 | 5 | 7 | 3 | 6 | 1 | 4 | 6 |
| | 2 | 2 | 5 | — | 5 | 1 | 3 | 6 | 1 | 4 | 7 | 2 | 5 | 7 |
| | 3 | 3 | 6 | — | 6 | 2 | 4 | 7 | 2 | 5 | 1 | 3 | 6 | 1 |
| | 4 | 4 | 7 | — | 7 | 3 | 5 | 1 | 3 | 6 | 2 | 4 | 7 | 2 |
| | 5 | 5 | 1 | — | 1 | 4 | 6 | 2 | 4 | 7 | 3 | 5 | 1 | 3 |
| | 6 | 6 | 2 | — | 2 | 5 | 7 | 3 | 5 | 1 | 4 | 6 | 2 | 4 |
| | 7 | 7 | 3 | — | 3 | 6 | 1 | 4 | 6 | 2 | 5 | 7 | 3 | 5 |
| R | 1 | 1 | — | 4 | 5 | 1 | 3 | 6 | 1 | 4 | 7 | 2 | 5 | 7 |
| | 2 | 2 | — | 5 | 6 | 2 | 4 | 7 | 2 | 5 | 1 | 3 | 6 | 1 |
| | 3 | 3 | — | 6 | 7 | 3 | 5 | 1 | 3 | 6 | 2 | 4 | 7 | 2 |
| | 4 | 4 | — | 7 | 1 | 4 | 6 | 2 | 4 | 7 | 3 | 5 | 1 | 3 |
| | 5 | 5 | — | 1 | 2 | 5 | 7 | 3 | 5 | 1 | 4 | 6 | 2 | 4 |
| | 6 | 6 | — | 2 | 3 | 6 | 1 | 4 | 6 | 2 | 5 | 7 | 3 | 5 |
| | 7 | 7 | — | 3 | 4 | 7 | 2 | 5 | 7 | 3 | 6 | 1 | 4 | 6 |

## 第三节　年序号与样本年历的对应关系寻求

参照表 3.1.1，按循环规律扩展，可确定 21、22、23、24 世纪中各年以及 25 世纪的第一年（2400）的元旦是星期几（表 3.3.1）。

表 3.3.1　某年（2000～2400）年元旦是星期几

| 世纪序号 | 星期几 | 世纪序号 | 星期几 | 世纪序号 | 星期几 | 世纪序号 | 星期几 |
|---|---|---|---|---|---|---|---|
| 2000 | 六 | | | | | | |
| 2001 | 一 | 2101 | 六 | 2201 | 四 | 2301 | 二 |
| 2002 | 二 | 2102 | 日 | 2202 | 五 | 2302 | 三 |
| 2003 | 三 | 2103 | 一 | 2203 | 六 | 2303 | 四 |
| 2004 | 四 | 2104 | 二 | 2204 | 日 | 2304 | 五 |
| 2005 | 六 | 2105 | 四 | 2205 | 二 | 2305 | 日 |
| 2006 | 日 | 2106 | 五 | 2206 | 三 | 2306 | 一 |
| 2007 | 一 | 2107 | 六 | 2207 | 四 | 2307 | 二 |
| 2008 | 二 | 2108 | 日 | 2208 | 五 | 2308 | 三 |
| 2009 | 四 | 2109 | 二 | 2209 | 日 | 2309 | 五 |
| …… | …… | …… | …… | …… | …… | …… | …… |
| …… | …… | …… | …… | …… | …… | …… | …… |
| 2092 | 二 | 2192 | 日 | 2292 | 五 | 2392 | 三 |
| 2093 | 四 | 2193 | 二 | 2293 | 日 | 2393 | 五 |
| 2094 | 五 | 2194 | 三 | 2294 | 一 | 2394 | 六 |
| 2095 | 六 | 2195 | 四 | 2295 | 二 | 2395 | 日 |
| 2096 | 日 | 2196 | 五 | 2296 | 三 | 2396 | 一 |
| 2097 | 二 | 2197 | 日 | 2297 | 五 | 2397 | 三 |
| 2098 | 三 | 2198 | 一 | 2298 | 六 | 2398 | 四 |
| 2099 | 四 | 2199 | 二 | 2299 | 日 | 2399 | 五 |
| 2100 | 五 | 2200 | 三 | 2300 | 一 | 2400 | 六 |

基于表 3.3.1 的数据往前往后循环扩展，可以确定年序号与 14 个样本年历的对应关系，如表 3.3.2 所示。还要注意年序号（00）既可能出现在闰年栏（世纪闰年）中，也可能出现在平年栏（废闰的世纪年）中。

表3.3.2 和表3.2.2 应搭配使用。先根据年序号确定相应的样本年历的编号，再根据月序号和日序号从表3.2.2 查明这一天是星期几。

**表 3.3.2　年序号与 14 个样本年历的对应关系**

| 年序号 / 样本年历 P / 世纪序号 | 平年 | | | | | | |
|---|---|---|---|---|---|---|---|
| 年 序 号 | 01 | 02 | 03 | 09 | 10 | 05 | (00) |
| | 07 | 13 | 14 | 15 | 21 | 11 | 06 |
| | 18 | 19 | 25 | 26 | 27 | 22 | 17 |
| | 29 | 30 | 31 | 37 | 38 | 33 | 23 |
| | 35 | 41 | 42 | 43 | 49 | 39 | 34 |
| | 46 | 47 | 53 | 54 | 55 | 50 | 45 |
| | 57 | 58 | 59 | 65 | 66 | 61 | 51 |
| | 63 | 69 | 70 | 71 | 77 | 67 | 62 |
| | 74 | 75 | 81 | 82 | 83 | 78 | 73 |
| | 85 | 86 | 87 | 93 | 94 | 89 | 79 |
| | 91 | 97 | 98 | 99 | — | 95 | 90 |
| …… | …… | | | | | | |
| 18 世纪（1700～1799） | 6 | 7 | 1 | 2 | 3 | 4 | 5 |
| 19 世纪（1800～1899） | 4 | 5 | 6 | 7 | 1 | 2 | 3 |
| 20 世纪（1900～1999） | 2 | 3 | 4 | 5 | 6 | 7 | 1 |
| 21 世纪（2000～2099） | 1 | 2 | 3 | 4 | 5 | 6 | 7 （400 年循环） |
| 22 世纪（2100～2199） | 6 | 7 | 1 | 2 | 3 | 4 | 5 |
| 23 世纪（2200～2299） | 4 | 5 | 6 | 7 | 1 | 2 | 3 |
| 24 世纪（2300～2399） | 2 | 3 | 4 | 5 | 6 | 7 | 1 |
| 25 世纪（2400～2499） | 1 | 2 | 3 | 4 | 5 | 6 | 7 |
| 26 世纪（2500～2599） | 6 | 7 | 1 | 2 | 3 | 4 | 5 |
| 27 世纪（2600～2699） | 4 | 5 | 6 | 7 | 1 | 2 | 3 |
| …… | …… | | | | | | |
| 世纪序号 / 样本年历 R / 年 序 号 | 24 | 08 | 20 | 04 | 16 | 00 | 12 |
| | 52 | 36 | 48 | 32 | 44 | 28 | 40 |
| | 80 | 64 | 76 | 60 | 72 | 56 | 68 |
| | — | 92 | — | 88 | — | 84 | 96 |
| | 闰 年 | | | | | | |

注意表 3.3.2 中年序号的数据群。对于平年，每一竖行为三组"等差级数"，规则地交错排列；对于闰年，每一竖行仅为一组"等差级数"。公差都是 28。这一特征与表 3.1.1 中"28 年周期性规律"是相通的。

例如 1855 年应查样本年历 P1，可知 9 月 7 日是星期五。又例如 2172 年应查样本年历 R3，可知 2 月 29 日是星期六。

查看表 3.3.2 中的样本年历数据，可以总结出"400 年循环"规律。

# 第四节　简练的通用世纪历

确定某年某月某日是星期几，第一节中极简单的算术方法只适用于 1901～2099 年这 199 年时段中；第三节中将表 3.3.2 和表 3.2.2 搭配使用，适用范围大增，但仍嫌繁。现在进一步基于表 3.3.2 和表 3.2.2，将数据（年、月、日序号和星期几）做适当调整、精心组合和独特编排，每一世纪可制作一张世纪历。本世纪前、后相近的共十余个世纪历简捷地表示于表 3.4.1 这仅一张表中。

**表 3.4.1　通用百年历（世纪历）**

平年序号

| (00) | 05 | 10 | 09 | 03 | 02 | 01 |
|------|----|----|----|----|----|----|
| 06 | 11 | 21 | 15 | 14 | 13 | 07 |
| 17 | 22 | 27 | 26 | 25 | 19 | 18 |
| 23 | 33 | 38 | 37 | 31 | 30 | 29 |
| 34 | 39 | 49 | 43 | 42 | 41 | 35 |
| 45 | 50 | 55 | 54 | 53 | 47 | 46 |
| 51 | 61 | 66 | 65 | 59 | 58 | 57 |
| 62 | 67 | 77 | 71 | 70 | 69 | 63 |
| 73 | 78 | 83 | 82 | 81 | 75 | 74 |
| 79 | 89 | 94 | 93 | 87 | 86 | 85 |
| 90 | 95 | — | 99 | 98 | 97 | 91 |

**闰年序号**

世纪序号　16、20、24、……　　　17、21、25、……
　　　　　18、22、26、……　　　19、23、27、……

| 24 | 08 | 20 | 04 | 16 | 00 | 12 |
|----|----|----|----|----|----|----|
| 52 | 36 | 48 | 32 | 44 | 28 | 40 |
| 80 | 64 | 76 | 60 | 72 | 56 | 68 |
| — | 92 | — | 88 | — | 84 | 96 |

**日序号**

| 1 | 2 | 3 | 4 | 5 | 6 | 7 |
|----|----|----|----|----|----|----|
| 8 | 9 | 10 | 11 | 12 | 13 | 14 |
| 15 | 16 | 17 | 18 | 19 | 20 | 21 |
| 22 | 23 | 24 | 25 | 26 | 27 | 28 |
| 29 | 30 | 31 | — | — | — | — |

说明：四个角落（左上、右上、左下、右下）的世纪序号分别与四个角落的"星期儿"相对应

**星期儿 / 月序号（闰年） / 月序号（平年）**

| 月序号（平年） | 星期儿 | | | | | | | 月序号（闰年） | | | | | | |
|---|---|---|---|---|---|---|---|---|---|---|---|---|---|---|
| 5　8　2 3 11　6　9 12　4 7　1 10 | 二一六四 | 三二日五 | 四三一六 | 五四二日 | 六五三一 | 日六四二 | 一日五三 | 1 4 7 | 9 12 | 6 | 3 11 | 2 8 | 5 | 10 |
| 8　2 3 11　6　9 12　4 7　1 10　5 | 三二日五 | 四三一六 | 五四二日 | 六五三一 | 日六四二 | 一日五三 | 二一六四 | 10 | 1 4 7 | 9 12 | 6 | 3 11 | 2 8 | 5 |
| 2 3 11　6　9 12　4 7　1 10　5　8 | 四三一六 | 五四二日 | 六五三一 | 日六四二 | 一日五三 | 二一六四 | 三二日五 | 5 | 10 | 1 4 7 | 9 12 | 6 | 3 11 | 2 8 |
| 6　9 12　4 7　1 10　5　8　2 3 11 | 五四二日 | 六五三一 | 日六四二 | 一日五三 | 二一六四 | 三二日五 | 四三一六 | 2 8 | 5 | 10 | 1 4 7 | 9 12 | 6 | 3 11 |
| 9 12　4 7　1 10　5　8　2 3 11　6 | 六五三一 | 日六四二 | 一日五三 | 二一六四 | 三二日五 | 四三一六 | 五四二日 | 3 11 | 2 8 | 5 | 10 | 1 4 7 | 9 12 | 6 |
| 4 7　1 10　5　8　2 3 11　6　9 12 | 日六四二 | 一日五三 | 二一六四 | 三二日五 | 四三一六 | 五四二日 | 六五三一 | 6 | 3 11 | 2 8 | 5 | 10 | 1 4 7 | 9 12 |
| 1 10　5　8　2 3 11　6　9 12　4 7 | 一日五三 | 二一六四 | 三二日五 | 四三一六 | 五四二日 | 六五三一 | 日六四二 | 9 12 | 6 | 3 11 | 2 8 | 5 | 10 | 1 4 7 |

注意表 3.4.1 中的世纪数据（以及相应的"星期儿"数据）规则地分编为左上、右上、左下、右下四组，这也是"400 年循环"规律的显现。

应当认识到，16、20、24、……世纪历中的数据排列是相同的。仿之 17、21、

25、……世纪，19、23、27、……世纪历中的数据编排也是相同的，只要这些世纪是在设定"每四年设一闰、每400年废三闰"的时段之中。

尽管不同的世纪序号为数多多，但世纪历仅有彼此不同的四种，且可聚合为表3.4.1这仅有的一种。表3.4.1可称为通用世纪历。

摘取表3.4.1中的部分数据另制成21世纪历（表3.4.2），或可供当代人查询几十年乃至百年。

表3.4.2　21世纪历

| 平年序号 | | | | | | | | 日序号 | | | | | | | 闰年序号 | | | | | | |
|---|---|---|---|---|---|---|---|---|---|---|---|---|---|---|---|---|---|---|---|---|---|
| | — | 05 | 10 | 09 | 03 | 02 | 01 | | | | | | | | | | | | | | |
| | 06 | 11 | 21 | 15 | 14 | 13 | 07 | | | | | | | | | | | | | | |
| | 17 | 22 | 27 | 26 | 25 | 19 | 18 | | | | | | | | | | | | | | |
| | 23 | 33 | 38 | 37 | 31 | 30 | 29 | 1 | 2 | 3 | 4 | 5 | 6 | 7 | 24 | 08 | 20 | 04 | 16 | 00 | 12 |
| | 34 | 39 | 49 | 43 | 42 | 41 | 35 | 8 | 9 | 10 | 11 | 12 | 13 | 14 | 52 | 36 | 48 | 32 | 44 | 28 | 40 |
| | 45 | 50 | 55 | 54 | 53 | 47 | 46 | 15 | 16 | 17 | 18 | 19 | 20 | 21 | 80 | 64 | 76 | 60 | 72 | 56 | 68 |
| | 51 | 61 | 66 | 65 | 59 | 58 | 57 | 22 | 23 | 24 | 25 | 26 | 27 | 28 | — | 92 | — | 88 | — | 84 | 96 |
| | 62 | 67 | 77 | 71 | 70 | 69 | 63 | 29 | 30 | 31 | — | — | — | — | | | | | | | |
| | 73 | 78 | 83 | 82 | 81 | 75 | 74 | | | | | | | | | | | | | | |
| | 79 | 89 | 94 | 93 | 87 | 86 | 85 | | 星期几？ | | | | | | | 月序号（闰年） | | | | | |
| | 90 | 95 | — | 99 | 98 | 97 | 91 | | | | | | | | | | | | | | |

| 月序号（平年） | | | | | | | | 星期几？ | | | | | | | 月序号（闰年） | | | | | | |
|---|---|---|---|---|---|---|---|---|---|---|---|---|---|---|---|---|---|---|---|---|---|
| | 5 | 8 | 2 3 11 | 6 | 9 12 | 4 7 | 1 10 | 一 | 二 | 三 | 四 | 五 | 六 | 日 | 1 4 7 | 9 12 | 6 | 3 11 | 2 8 | 5 | 10 |
| | 8 | 2 3 11 | 6 | 9 12 | 4 7 | 1 10 | 5 | 二 | 三 | 四 | 五 | 六 | 日 | 一 | 10 | 1 4 7 | 9 12 | 6 | 3 11 | 2 8 | 5 |
| | 2 3 11 | 6 | 9 12 | 4 7 | 1 10 | 5 | 8 | 三 | 四 | 五 | 六 | 日 | 一 | 二 | 5 | 10 | 1 4 7 | 9 12 | 6 | 3 11 | 2 8 |
| | 6 | 9 12 | 4 7 | 1 10 | 5 | 8 | 2 3 11 | 四 | 五 | 六 | 日 | 一 | 二 | 三 | 2 8 | 5 | 10 | 1 4 7 | 9 12 | 6 | 3 11 |
| | 9 12 | 4 7 | 1 10 | 5 | 8 | 2 3 11 | 6 | 五 | 六 | 日 | 一 | 二 | 三 | 四 | 3 11 | 2 8 | 5 | 10 | 1 4 7 | 9 12 | 6 |
| | 4 7 | 1 10 | 5 | 8 | 2 3 11 | 6 | 9 12 | 六 | 日 | 一 | 二 | 三 | 四 | 五 | 6 | 3 11 | 2 8 | 5 | 10 | 1 4 7 | 9 12 |
| | 1 10 | 5 | 8 | 2 3 11 | 6 | 9 12 | 4 7 | 日 | 一 | 二 | 三 | 四 | 五 | 六 | 9 12 | 6 | 3 11 | 2 8 | 5 | 10 | 1 4 7 |

还可将表 3.4.1 中的数据（世纪、年、月、日、"星期几"）另做安排，布置在可以上下、左右互相错移的两张卡片上；在上面的一张是面片；在下面的一张是底片（图 3.4.1）。使用时，左右错位，在右侧透明窗（1 格 ×1 格）中确定某世纪；上下错动，在下侧透明窗（5 格 ×1 格）中确定某日。于是根据某年某月，便可在上侧透明窗（7 格 ×7 格）中查知这一天是星期几。

显然，本节中的错位卡片世纪历与表 3.4.1 中的通用百年历具有等同的查读功效。

必须注意区分平年与闰年，面片下侧、左侧的年、月数据是为平年提供的，上侧、右侧的年、月数据是为闰年提供的。

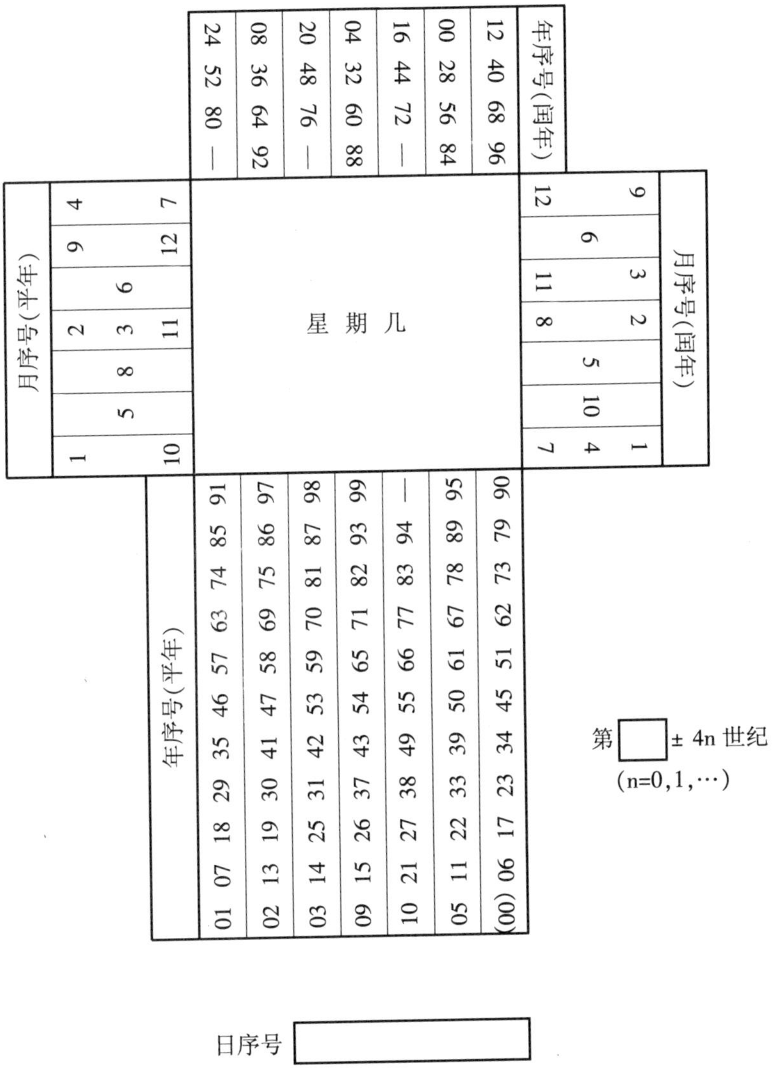

**年序号（闰年）**

| 24 | 08 | 20 | 04 | 16 | 00 | 12 |
| 52 | 36 | 48 | 32 | 44 | 28 | 40 |
| 80 | 64 | 76 | 60 | 72 | 56 | 68 |
| — | 92 | — | 88 | — | 84 | 96 |

**月序号（平年）** | 星 期 几 | **月序号（闰年）**

月序号（平年）：

| 4 | 9 | 6 | 2 | 8 | 5 | 1 |
| 7 | 12 | 9 | 3 | 11 | 5 | 10 |

月序号（闰年）：

| 12 | 9 | 6 | 3 | 11 | 8 | 5 | 10 | 4 | 1 | 7 |

**年序号（平年）**

| 91 | 97 | 98 | 99 | — | 95 | 90 |
| 85 | 86 | 87 | 93 | 94 | 68 | 79 |
| 74 | 75 | 81 | 82 | 83 | 87 | 73 |
| 63 | 69 | 70 | 71 | 77 | 67 | 62 |
| 57 | 58 | 59 | 65 | 66 | 91 | 51 |
| 46 | 47 | 53 | 54 | 55 | 50 | 45 |
| 35 | 41 | 42 | 43 | 49 | 39 | 34 |
| 29 | 30 | 31 | 37 | 38 | 33 | 23 |
| 18 | 19 | 25 | 26 | 27 | 22 | 17 |
| 07 | 13 | 14 | 15 | 21 | 11 | 06 |
| 01 | 02 | 03 | 09 | 10 | 05 | (00) |

第 □ ± 4n 世纪
(n=0,1,…)

日序号 □

图 3.4.1a 错位卡片（面片）

| 四 | 五 | 六 | 日 | 一 | 二 | 三 | 四 | 五 | 六 | 日 | 一 |
|---|---|---|---|---|---|---|---|---|---|---|---|
| 三 | 四 | 五 | 六 | 日 | 一 | 二 | 三 | 四 | 五 | 六 | 日 |
| 二 | 三 | 四 | 五 | 六 | 日 | 一 | 二 | 三 | 四 | 五 | 六 |
| 一 | 二 | 三 | 四 | 五 | 六 | 日 | 一 | 二 | 三 | 四 | 五 |
| 日 | 一 | 二 | 三 | 四 | 五 | 六 | 日 | 一 | 二 | 三 | 四 |
| 六 | 日 | 一 | 二 | 三 | 四 | 五 | 六 | 日 | 一 | 二 | 三 |
| 五 | 六 | 日 | 一 | 二 | 三 | 四 | 五 | 六 | 日 | 一 | 二 |
| 四 | 五 | 六 | 日 | 一 | 二 | 三 | 四 | 五 | 六 | 日 | 一 |
| 三 | 四 | 五 | 六 | 日 | 一 | 二 | 三 | 四 | 五 | 六 | 日 |
| 二 | 三 | 四 | 五 | 六 | 日 | 一 | 二 | 三 | 四 | 五 | 六 |
| 一 | 二 | 三 | 四 | 五 | 六 | 日 | 一 | 二 | 三 | 四 | 五 |
| 日 | 一 | 二 | 三 | 四 | 五 | 六 | 日 | 一 | 二 | 三 | 四 |
| 六 | 日 | 一 | 二 | 三 | 四 | 五 | 六 | 日 | 一 | 二 | 三 |

星期几

世纪序号

| 22 | | 21 | 20 | | 23 |
|---|---|---|---|---|---|
| 22 | | 21 | 20 | | 23 |
| 22 | | 21 | 20 | | 23 |
| 22 | | 21 | 20 | | 23 |
| 22 | | 21 | 20 | | 23 |
| 22 | | 21 | 20 | | 23 |
| 22 | | 21 | 20 | | 23 |

| 28 | | 7 | 14 | 21 | 28 | | 7 | 14 | 21 |
|---|---|---|---|---|---|---|---|---|---|
| 27 | | 6 | 13 | 20 | 27 | | 6 | 13 | 20 |
| 26 | | 5 | 12 | 19 | 26 | | 5 | 12 | 19 |
| 25 | | 4 | 11 | 18 | 25 | | 4 | 11 | 18 |
| 24 | 31 | 3 | 10 | 17 | 24 | 31 | 3 | 10 | 17 |
| 23 | 30 | 2 | 9 | 16 | 23 | 30 | 2 | 9 | 16 |
| 22 | 29 | 1 | 8 | 15 | 22 | 29 | 1 | 8 | 15 |

日序号

图 3.4.1b 错位卡片（底片）

# 第五节 公历月、日与农历月、日互相推算的建议

如果农历各月份的大或小未知，寻求公历月、日与农历月、日之间的对应关系是不可能的。如果农历各月份的大或小给定，建议一个农历月、日与公历月、日互相推算的方法。

将农历各月份初一以前的总天数（自公历元旦算起）以符号 A 表示，1901 等年各个月份的 A 值汇集于表 3.5.1 中。

表 3.5.1　农历各月初一以前的总日数 A 值（自元旦起）

| 年序号 | 十二月 | 正月 | 二月 | 三月 | 四月 | 五月 | 六月 | 七月 | 八月 | 九月 | 十月 | 十一月 | 十二月 |
|---|---|---|---|---|---|---|---|---|---|---|---|---|---|
| 1901 鼠—牛 | 19大 | 49小 | 78大 | 108小 | 137小 | 166大 | 196小 | 225大 | 255小 | 284大 | 314大 | 344大 | |
| 1902 牛—虎 | 9小 | 38大 | 68小 | 97大 | 127小 | 156小 | 185大 | 215小 | 244大 | 274小 | 303大 | 333大 | 363大 |
| 1903 虎—兔 | | 28小 | 57大 | 87小 | 116大 | 146小　闰175小 | 204大 | 234小 | 263小 | 292大 | 322大 | 352小 | |
| 1904 兔—龙 | 16大 | 46大 | 76大 | 106小 | 135大 | 165小 | 194小 | 223大 | 253小 | 282小 | 311大 | 341小 | |
| 1905 龙—蛇 | 5小 | 34大 | 64大 | 94小 | 123大 | 153大 | 183小 | 212小 | 241大 | 271小 | 300大 | 330小 | 359大 |
| 1906 蛇—马 | | 24小 | 53大 | 83大 | 113小　闰142大 | 172小 | 201大 | 231小 | 260大 | 290小 | 319大 | 349小 | |
| 1907 马—羊 | 13大 | 43小 | 72大 | 102小 | 131大 | 161小 | 190大 | 220大 | 250小 | 279大 | 309小 | 338大 | |
| 1908 羊—猴 | 3小 | 32大 | 62小 | 91小 | 120大 | 150大 | 180小 | 209大 | 239小 | 268大 | 298大 | 328小 | 357小 |
| 1909 猴—鸡 | | 21小 | 50大　闰80小 | 109小 | 138大 | 168小 | 197大 | 227大 | 257小 | 286大 | 316大 | 346小 | |
| 1910 鸡—狗 | 10大 | 40小 | 69大 | 99小 | 128小 | 157大 | 187小 | 216大 | 246大 | 276小 | 305大 | 335大 | |
| 1911 狗—猪 | 0小 | 29大 | 59小 | 88大 | 118小 | 147小 | 176大　闰206小 | 235小 | 264大 | 294大 | 324小 | 353大 | |
| 1912 猪—鼠 | 18大 | 48大 | 78小 | 107大 | 137小 | 166小 | 195大 | 225小 | 254小 | 283大 | 313小 | 342小 | |
| 1913 鼠—牛 | 6大 | 36大 | 66大 | 96小 | 125大 | 155小 | 184小 | 213大 | 243小 | 272小 | 301大 | 331小 | 360大 |
| 1914 牛—虎 | | 25大 | 55大 | 85小 | 114大 | 144小　闰173大 | 203小 | 232大 | 262小 | 291小 | 320大 | 350小 | |
| 1915 虎—兔 | 14大 | 44大 | 74小 | 103大 | 133大 | 163小 | 192大 | 222小 | 251大 | 281小 | 310大 | 340小 | |
| 1916 兔—龙 | 4小 | 33大 | 63大 | 93小 | 122大 | 152小 | 181大 | 211大 | 241小 | 270大 | 300小 | 329小 | 358小 |
| 1917 龙—蛇 | | 22大 | 52小　闰81小 | 110大 | 140小 | 169大 | 199大 | 229小 | 258大 | 288大 | 318小 | 347大 | |
| 1918 蛇—马 | 12小 | 41大 | 71小 | 100小 | 129大 | 159小 | 188大 | 218小 | 247大 | 277大 | 307小 | 336大 | |
| 1919 马—羊 | 1大 | 31小 | 60大 | 90小 | 119小 | 148大 | 178小 | 207小　闰236大 | 266大 | 296小 | 325大 | 355大 | |
| 1920 羊—猴 | 20大 | 50小 | 79大 | 109小 | 138小 | 167大 | 197小 | 226小 | 255大 | 285小 | 314大 | 344小 | |
| 1921 猴—鸡 | 8大 | 38大 | 68小 | 97大 | 127小 | 156小 | 185大 | 215小 | 244小 | 273大 | 303小 | 332大 | 362大 |

| 年序号 | 十二月 | 正月 | 二月 | 三月 | 四月 | 五月 | 六月 | 七月 | 八月 | 九月 | 十月 | 十一月 | 十二月 |
|---|---|---|---|---|---|---|---|---|---|---|---|---|---|
| … | | | | | | | | | | | | | … |
| 1922 鸡—狗 | | 27 大 | 57 小 | 86 大 | 116 大 | 146 小 闰175 小 | 204 大 | 234 小 | 263 小 | 292 大 | 322 小 | 351 大 | |
| 1923 狗—猪 | 16 大 | 46 小 | 75 大 | 105 大 | 135 小 | 164 大 | 194 小 | 223 大 | 253 小 | 282 小 | 311 大 | 341 小 | |
| 1924 猪—鼠 | 5 大 | 35 小 | 64 大 | 94 大 | 124 小 | 153 大 | 183 大 | 213 小 | 242 大 | 272 小 | 301 大 | 331 大 | 360 小 |
| 1925 鼠—牛 | | 23 大 | 53 小 | 82 大 | 112 小 闰141 大 | 171 大 | 201 大 | 230 小 | 260 大 | 290 大 | 319 小 | 349 大 | |
| 1926 牛—虎 | 13 大 | 43 小 | 72 小 | 101 大 | 131 小 | 160 大 | 190 小 | 219 大 | 249 大 | 279 小 | 308 大 | 338 大 | |
| 1927 虎—兔 | 3 小 | 32 大 | 62 小 | 91 小 | 120 大 | 150 小 | 179 大 | 209 小 | 238 大 | 268 小 | 297 大 | 327 大 | 357 大 |
| 1928 兔—龙 | | 22 小 | 51 大 闰81 小 | 110 小 | 139 大 | 169 小 | 198 小 | 227 大 | 257 小 | 286 大 | 316 大 | 346 小 | |
| 1929 龙—蛇 | 10 大 | 40 小 | 69 大 | 99 小 | 128 小 | 157 大 | 187 小 | 216 小 | 245 大 | 275 小 | 304 大 | 334 大 | 364 大 |
| 1930 蛇—马 | | 29 小 | 58 大 | 88 大 | 118 小 | 147 小 | 176 大 闰206 小 | 235 小 | 264 大 | 294 小 | 323 大 | 353 大 | |
| 1931 马—羊 | 18 小 | 47 大 | 77 大 | 107 小 | 136 大 | 166 小 | 195 大 | 225 小 | 254 小 | 283 大 | 313 小 | 342 大 | |
| 1932 羊—猴 | 7 小 | 36 大 | 66 大 | 96 大 | 126 小 | 155 大 | 185 小 | 214 大 | 244 小 | 273 小 | 302 大 | 332 小 | 361 大 |
| 1933 猴—鸡 | | 25 小 | 54 大 | 84 大 | 114 小 | 143 大 闰173 大 | 203 小 | 232 大 | 262 小 | 291 大 | 321 小 | 350 小 | |
| 1934 鸡—狗 | 14 大 | 44 小 | 73 大 | 103 小 | 132 大 | 162 大 | 192 小 | 221 大 | 251 小 | 280 大 | 310 大 | 340 小 | |
| 1935 狗—猪 | 4 大 | 34 小 | 63 小 | 92 大 | 122 小 | 151 大 | 181 小 | 210 大 | 240 大 | 270 小 | 299 大 | 329 大 | 359 小 |
| 1936 猪—鼠 | | 23 大 | 53 小 | 82 小 闰111 大 | 141 小 | 170 小 | 199 大 | 229 大 | 259 小 | 288 大 | 318 大 | 348 小 | |
| 1937 鼠—牛 | 12 小 | 41 大 | 71 小 | 100 小 | 129 大 | 159 小 | 188 小 | 217 大 | 247 小 | 276 大 | 306 大 | 336 大 | |
| 1938 牛—虎 | 1 小 | 30 大 | 60 大 | 90 小 | 119 小 | 148 大 | 178 小 | 207 小 闰236 大 | 266 小 | 295 大 | 325 大 | 355 小 | |
| 1939 虎—兔 | 19 大 | 49 大 | 79 大 | 109 小 | 138 小 | 167 大 | 197 小 | 226 小 | 255 大 | 285 小 | 314 大 | 344 小 | |
| 1940 兔—龙 | 8 大 | 38 大 | 68 大 | 98 小 | 127 大 | 157 小 | 186 大 | 216 小 | 245 小 | 274 大 | 304 小 | 333 大 | 363 小 |
| 1941 龙—蛇 | | 26 大 | 56 大 | 86 小 | 115 大 | 145 大 | 175 小 闰204 大 | 234 小 | 263 小 | 292 大 | 322 小 | 351 大 | |
| … | | | | | | | | | | | | | … |

设农历某月中的日序号为 B，则 A + B 就是该月，日自公历元旦算起的天数。

又设公历全年日序号为 C，公历平年和闰年的 C 值都列于表 3.5.2，于是应有

$$A + B = C$$

（1）**自农历月、日推算公历月、日**。当农历某月的 A 值给定（查表 3.5.1），日序号 B 值也给定，A 与 B 之和就应等于公历全年日序号 C。根据 C 值逆查表 3.5.2，可确定公历中相应的月、日。

表 3.5.2　公历全年日序号 C 值（含次年 1 月）

| 日序号（平年） | 月序号 1 | 2 | 日序号（闰年） | 日序号（平年） | 月序号 3 | 4 | 5 | 6 | 7 | 8 | 9 | 10 | 11 | 12 | 次年1 | 日序号（闰年） |
|---|---|---|---|---|---|---|---|---|---|---|---|---|---|---|---|---|
| 1 | 1 | 32 | 1 | 1 | 60 | 91 | 121 | 152 | 182 | 213 | 244 | 274 | 305 | 335 | 366 | |
| 2 | 2 | 33 | 2 | 2 | 61 | 92 | 122 | 153 | 183 | 214 | 245 | 275 | 306 | 336 | 367 | 1 |
| 3 | 3 | 34 | 3 | 3 | 62 | 93 | 123 | 154 | 184 | 215 | 246 | 276 | 307 | 337 | 368 | 2 |
| 4 | 4 | 35 | 4 | 4 | 63 | 94 | 124 | 155 | 185 | 216 | 247 | 277 | 308 | 338 | 369 | 3 |
| 5 | 5 | 36 | 5 | 5 | 64 | 95 | 125 | 156 | 186 | 217 | 248 | 278 | 309 | 339 | 370 | 4 |
| 6 | 6 | 37 | 6 | 6 | 65 | 96 | 126 | 157 | 187 | 218 | 249 | 279 | 310 | 340 | 371 | 5 |
| 7 | 7 | 38 | 7 | 7 | 66 | 97 | 127 | 158 | 188 | 219 | 250 | 280 | 311 | 341 | 372 | 6 |
| 8 | 8 | 39 | 8 | 8 | 67 | 98 | 128 | 159 | 189 | 220 | 251 | 281 | 312 | 342 | 373 | 7 |
| 9 | 9 | 40 | 9 | 9 | 68 | 99 | 129 | 160 | 190 | 221 | 252 | 282 | 313 | 343 | 374 | 8 |
| 10 | 10 | 41 | 10 | 10 | 69 | 100 | 130 | 161 | 191 | 222 | 253 | 283 | 314 | 344 | 375 | 9 |
| 11 | 11 | 42 | 11 | 11 | 70 | 101 | 131 | 162 | 192 | 223 | 254 | 284 | 315 | 345 | 376 | 10 |
| 12 | 12 | 43 | 12 | 12 | 71 | 102 | 132 | 163 | 193 | 224 | 255 | 285 | 316 | 346 | 377 | 11 |
| 13 | 13 | 44 | 13 | 13 | 72 | 103 | 133 | 164 | 194 | 225 | 256 | 286 | 317 | 347 | 378 | 12 |
| 14 | 14 | 45 | 14 | 14 | 73 | 104 | 134 | 165 | 195 | 226 | 257 | 287 | 318 | 348 | 379 | 13 |
| 15 | 15 | 46 | 15 | 15 | 74 | 105 | 135 | 166 | 196 | 227 | 258 | 288 | 319 | 349 | 380 | 14 |
| 16 | 16 | 47 | 16 | 16 | 75 | 106 | 136 | 167 | 197 | 228 | 259 | 289 | 320 | 350 | 381 | 15 |
| 17 | 17 | 48 | 17 | 17 | 76 | 107 | 137 | 168 | 198 | 229 | 260 | 290 | 321 | 351 | 382 | 16 |
| 18 | 18 | 49 | 18 | 18 | 77 | 108 | 138 | 169 | 199 | 230 | 261 | 291 | 322 | 352 | 383 | 17 |
| 19 | 19 | 50 | 19 | 19 | 78 | 109 | 139 | 170 | 200 | 231 | 262 | 292 | 323 | 353 | 384 | 18 |
| 20 | 20 | 51 | 20 | 20 | 79 | 110 | 140 | 171 | 201 | 232 | 263 | 293 | 324 | 354 | 385 | 19 |
| 21 | 21 | 52 | 21 | 21 | 80 | 111 | 141 | 172 | 202 | 233 | 264 | 294 | 325 | 355 | 386 | 20 |
| 22 | 22 | 53 | 22 | 22 | 81 | 112 | 142 | 173 | 203 | 234 | 265 | 295 | 326 | 356 | 387 | 21 |
| 23 | 23 | 54 | 23 | 23 | 82 | 113 | 143 | 174 | 204 | 235 | 266 | 296 | 327 | 357 | 388 | 22 |
| 24 | 24 | 55 | 24 | 24 | 83 | 114 | 144 | 175 | 205 | 236 | 267 | 297 | 328 | 358 | 389 | 23 |
| 25 | 25 | 56 | 25 | 25 | 84 | 115 | 145 | 176 | 206 | 237 | 268 | 298 | 329 | 359 | 390 | 24 |
| 26 | 25 | 57 | 26 | 26 | 85 | 116 | 146 | 177 | 207 | 238 | 269 | 299 | 330 | 360 | 391 | 25 |
| 27 | 27 | 58 | 27 | 27 | 86 | 117 | 147 | 178 | 208 | 239 | 270 | 300 | 331 | 361 | 392 | 26 |
| 28 | 28 | 59 | 28 | 28 | 87 | 118 | 148 | 179 | 209 | 240 | 271 | 301 | 332 | 362 | 393 | 27 |
| 29 | 29 | 60 | 29 | 29 | 88 | 119 | 149 | 180 | 210 | 241 | 272 | 302 | 333 | 363 | 394 | 28 |
| 30 | 30 | | 30 | 30 | 89 | 120 | 150 | 181 | 211 | 242 | 273 | 303 | 334 | 364 | 395 | 29 |
| 31 | 31 | | 31 | 31 | 90 | 121 | 151 | 182 | 212 | 243 | 274 | 304 | 335 | 365 | 396 | 30 |
| | | | | | 91 | | 152 | | 213 | 244 | | 305 | | 366 | | 31 |

163

（2）**自公历月、日推算农历月、日。**反之，如果公历月、日给定，则全年日序号 C 值由表 3.5.2 确定。再根据表 3.5.1 逆查出小于 C 值的最大的 A 值，于是农历月份确定。进而根据 B＝C－A 就求得此农历中的日序数。

表 3.5.3 中举出多种不同情形的算例。

**表 3.5.3　公历－农历年、月、日互相推算举例**

**[农历推算为公历，（1）－（5）；公历推算为农历，（5）－（1）]**

| （1）<br><br>给　　定<br>农历年、月、日 | （2）<br><br>农历月份<br>的日序号 | （3）<br><br>初一以前自元<br>旦起的总日数<br>（根据年、月<br>查表 3.5.1） | （4）＝<br>（2）＋（3）<br>公历全年<br>日序号 | （5）<br><br>求得公历年、<br>月、日（逆<br>查表 3.5.2） | （6）<br><br>备注 |
|---|---|---|---|---|---|
| 1901（鼠）十二月初二 | 2 | 19 | 21 | 1901.1.21 | |
| （鼠）十二月廿八 | 28 | 19 | 47 | 1901.2.16 | |
| （牛）正月初二 | 2 | 49 | 51 | 1901.2.20 | |
| （牛）正月廿九 | 29 | 49 | 78 | 1901.3.19 | |
| （牛）十一月十八 | 18 | 344 | 362 | 1901.12.28 | |
| （牛）十一月廿八 | 28 | 344 | 372＞365 | 1902.1.7<br>（次年） | |
| 1902（牛）十二月初一 | 1 | 9 | 10 | 1902.1.10 | |
| （牛）十二月廿九 | 29 | 9 | 38 | 1902.2.7 | 农历除夕 |
| （虎）正月初五 | 5 | 38 | 43 | 1902.2.12 | |
| （虎）正月廿七 | 27 | 38 | 65 | 1902.3.6 | |
| （虎）十二月初一 | 1 | 363 | 364 | 1902.12.30 | |
| （虎）十二月廿一 | 21 | 363 | 384＞365 | 1903.1.19<br>（次年） | |
| 1903（兔）正月初一 | 1 | 28 | 29 | 1903.1.29 | 春节 |
| （兔）正月廿七 | 27 | 28 | 55 | 1903.2.24 | |
| （兔）闰五月十六 | 16 | 175 | 191 | 1903.7.10 | 计算与非<br>闰月相同 |
| （兔）十一月初九 | 9 | 352 | 361 | 1903.12.27 | |

| （1） | （2） | （3） | （4） ＝ （2） ＋ （3） | （5） | （6） |
|---|---|---|---|---|---|
| 给 定 农历年、月、日 | 农历月份的日序号 | 初一以前自元旦起的总日数（根据年、月查表3.5.1） | 公历全年日序号 | 求得公历年、月、日（逆查表3.5.2） | 备注 |
| （兔）十一月廿三 | 23 | 352 | 375＞365 | 1904.1.10（次年） | |
| 1904（兔）十二月初三 | 3 | 16 | 19 | 1904.1.19 | |
| （兔）十二月廿六 | 26 | 16 | 42 | 1904.2.11 | |
| （龙）正月初五 | 5 | 46 | 51 | 1904.2.20 | |
| （龙）正月廿五 | 25 | 46 | 71 | 1904.3.11 | 查闰年表 |
| （龙）十一月十一 | 11 | 341 | 352 | 1904.12.17 | 查闰年表 |
| （龙）十一月廿八 | 28 | 341 | 369＞366 | 1905.1.3（次年） | 查闰年表 |
| 1905（龙）十二月初三 | 3 | 5 | 8 | 1905.1.8 | |
| （龙）十二月廿七 | 27 | 5 | 32 | 1905.2.1 | |
| （蛇）正月初二 | 2 | 34 | 36 | 1905.2.5 | |
| （蛇）正月廿九 | 29 | 34 | 63 | 1905.3.4 | |
| （蛇）十二月初四 | 4 | 359 | 363 | 1905.12.29 | |
| （蛇）十二月廿六 | 26 | 359 | 385＞365 | 1906.1.20（次年） | |
| 1911（狗）十二月初一 | 1 | 0 | 1 | 1911.1.1 | 元旦 |
| 1911（狗）十二月廿九 | 29 | 0 | 29 | 1911.1.29 | |
| 1929（蛇）十二月三十 | 30 | 364 | 394＞365 | 1930.1.29（次年） | 农历除夕 |
| 求得农历年、月、日 | 农历月份的日序号 | 初一以前总日数〔小于（4）的最大者，根据表3.5.1逆查年、月〕 | 公历全年日序数（查表3.5.2） | 给定公历年、月、日 | 备注 |
| （1） | （2）＝（4）－（3） | （3） | （4） | （5） | （6） |

## 第六节　农历年、月、日与星期制的对应关系表解

农历设闰依据较复杂，月份大小变化不规则，因而农历年、月、日与星期制的简明对应关系难以确定。

虽然根据农历年、月、日可推算公历年、月、日（第五节），再由公历年、月、日查表（表3.4.1）确定星期几，但这样绕行操作，显然是很费事的。

如果农历月份大、小变化给定，仿照表3.4.1，制成表3.6.1，就可根据农历年、月、日，直接查找出这一天是星期几。

例如1904年（甲辰，龙年）的中秋节（八月十五）和1919年（己未，羊年，闰）的端午节（五月初五），表中给出的结果分别是星期六和星期一。

表3.6.1将右方（日序号、星期几）与给定的年、月竖行（左方）对接，可查表读出结果。

## 第七节　法定农历节日在公历年历中提前或后延的近似规律

法定的农历节日现在计有春节、端午节和中秋节等。

春节（农历正月初一）是新的一年之始，亲朋好友不论同在本地或分居他乡，大都要专程聚会，至少也要用贺卡、电子邮件或长途电话互致问候。

端午节（农历五月初五）是纪念伟大的世界级诗人屈原的日子，长久以来全球华人莫不景仰这位先师。广大民间还有赛龙舟、往江中投粽子等习俗传袭。

中秋节（农历八月十五）天高气爽，喜庆丰收。白日品佳肴，吃月饼，晚间在月光下赏菊吟诗，古代文人留下无数佳句。

表3.7.1任意选择列出连续三十年春节、端午节和中秋节的公历月、日。最早和最晚日期相差接近一个月。现对表中数据做讨论。

注意表中增补提前（-）或后延（+）天数，近似的19年循环规律显现。19年中某年节日日期较前一年提前12次，每次大约11天；后延7次，每次大约19天，提前或后延的交替转换规律见表中。

近似等式

$$12（次）\times 11（天）\approx 7（次）\times 19（天）$$

"控制"春节、端午节和中秋节日期的近似循环规律。

表 3.6.1 农历年、月、日与星期制的对应关系

**日序号与星期几对应关系**

| 日序号 | | | | | 星期几 |
|---|---|---|---|---|---|
| 初一 初八 十五 廿二 廿九 | 初二 初九 十六 廿三 三十 | 初三 初十 十七 廿四 | 初四 十一 十八 廿五 | 初五 十二 十九 廿六 | 初六 十三 二十 廿七 | 初七 十四 廿一 廿八 |
| 一 | 二 | 三 | 四 | 五 | 六 | 日 |
| 二 | 三 | 四 | 五 | 六 | 日 | 一 |
| 三 | 四 | 五 | 六 | 日 | 一 | 二 |
| 四 | 五 | 六 | 日 | 一 | 二 | 三 |
| 五 | 六 | 日 | 一 | 二 | 三 | 四 |
| 六 | 日 | 一 | 二 | 三 | 四 | 五 |
| 日 | 一 | 二 | 三 | 四 | 五 | 六 |

**农历年、月对应关系**

| 月序号 | 辛丑(牛)1901 | 壬寅(虎)1902 | 癸卯(兔)1903(闰) | 甲辰(龙)1904 | 乙巳(蛇)1905 | … | 丙辰(龙)1916 | 丁巳(蛇)1917(闰) | 戊午(马)1918 | 己未(羊)1919(闰) | 庚申(猴)1920 | … |
|---|---|---|---|---|---|---|---|---|---|---|---|---|
| 1 | 十大 | 二小 七大 | 四大 八小 | 十大 | 二大 六小 十一小 | … | 三小 十二小 | 四小 | 正大 六大 十小 | 闰七大 十一大 | 三小 | … |
| 2 | 正小 六小 | 三大 八大 十二大 | 九大 | 正大 五小 | 七大 十二大 | … | 四大 八小 | 正大 五大 九大 | 十一大 | 正小 三大 | 四小 九小 | … |
| 3 | 二大 七大 十一大 | 一 | 五小 | 六小 十一大 | 三小 八大 | … | 九大 | 一 | 二小 七小 | 四小 八大 十二大 | 五大 十大 | … |
| 4 | 一 | 四小 九小 | 正大 闰五小 十大 | 二大 七大 | 四大 | … | 正大 五小 | 二小 六大 十小 | 三大 八大 十二大 | 五大 | 一 | … |
| 5 | 三小 八小 十二小 | 五小 十大 | 二大 六大 | 十二小 | 九小 | … | 六大 十一大 | 闰二小 十一大 | 四大 | 九小 | 正小 六大 十一大 | … |
| 6 | 四小 九大 | 正大 六大 | 十一小 七小 | 三小 八小 | 正大 五大 十大 | … | 二大 十一小 | 三大 七大 | 九大 | 正小 六小 十大 | 二大 七小 | … |
| 7 | 五大 | 十一大 | 三小 七大 十二大 | 四大 九小 | 一 | … | 七大 | 八小 十二小 | 五小 | 二大 七小 | 八大 十二大 | … |

提示：农历年末对于公历而言是跨年度的。

表 3.7.1　农历三法定节日较前一年提前或后延的天数（2000～2030 年）

| 年序号 | 春节 公历月、日 | 春节 提前或后延 | 端午 公历月、日 | 端午 提前或后延 | 中秋 公历月、日 | 中秋 提前或后延 |
|---|---|---|---|---|---|---|
| 2000 | 2.5 | | 6.6 | | 9.12 | |
| | | -12 | | +19 | | +19 |
| 2001 | 1.24 | | 6.25 | | 10.1 | |
| | | +19 | | -10 | | -10 |
| 2002 | 2.12 | | 6.15 | | 9.21 | |
| | | -11 | | -11 | | -10 |
| 2003 | 2.1 | | 6.4 | | 9.11 | |
| | | -10 | | +18 | | +17 |
| 2004 | 1.22 | | 6.22 | | 9.28 | |
| | | +18 | | -11 | | -10 |
| 2005 | 2.9 | | 6.11 | | 9.18 | |
| | | -11 | | -11 | | +18 |
| 2006 | 1.29 | | 5.31 | | 10.6 | |
| | | +20 | | +19 | | -11 |
| 2007 | 2.18 | | 6.19 | | 9.25 | |
| | | -11 | | -11 | | -11 |
| 2008 | 2.7 | | 6.8 | | 9.14 | |
| | | -12 | | -11 | | +19 |
| 2009 | 1.26 | | 5.28 | | 10.3 | |
| | | +19 | | +19 | | -11 |
| 2010 | 2.14 | | 6.16 | | 9.22 | |
| | | -11 | | -10 | | -10 |
| 2011 | 2.3 | | 6.6 | | 9.12 | |
| | | -11 | | +17 | | +18 |
| 2012 | 1.23 | | 6.23 | | 9.30 | |
| | | +18 | | -11 | | -11 |
| 2013 | 2.10 | | 6.12 | | 9.19 | |
| | | -10 | | -10 | | -11 |
| 2014 | 1.31 | | 6.2 | | 9.8 | |
| | | +19 | | +18 | | +19 |
| 2015 | 2.19 | | 6.20 | | 9.27 | |
| | | -11 | | -11 | | -12 |
| 2016 | 2.8 | | 6.9 | | 9.15 | |
| | | -11 | | -10 | | +19 |
| 2017 | 1.28 | | 5.30 | | 10.4 | |
| | | +19 | | +19 | | -10 |
| 2018 | 2.16 | | 6.18 | | 9.24 | |
| | | -11 | | -11 | | -11 |
| 2019 | 2.5 | | 6.7 | | 9.13 | |
| | | -11 | | +18 | | +18 |
| 2020 | 1.25 | | 6.25 | | 10.1 | |
| | | +18 | | -11 | | -10 |
| 2021 | 2.12 | | 6.14 | | 9.21 | |
| | | -11 | | -11 | | -11 |
| 2022 | 2.1 | | 6.3 | | 9.10 | |
| | | -10 | | +19 | | +19 |
| 2023 | 1.22 | | 6.22 | | 9.29 | |
| | | +19 | | -12 | | -12 |
| 2024 | 2.10 | | 6.10 | | 9.17 | |
| | | -12 | | -10 | | +19 |
| 2025 | 1.29 | | 5.31 | | 10.6 | |
| | | +19 | | +19 | | -11 |
| 2026 | 2.17 | | 6.19 | | 9.25 | |
| | | -11 | | -10 | | -10 |
| 2027 | 2.6 | | 6.9 | | 9.15 | |
| | | -11 | | -12 | | +18 |
| 2028 | 1.26 | | 5.28 | | 10.3 | |
| | | +18 | | +19 | | -11 |
| 2029 | 2.13 | | 6.16 | | 9.22 | |
| | | -10 | | -11 | | -10 |
| 2030 | 2.3 | | 6.5 | | 9.12 | |

# 第八节　一目了然的公历—农历月、日近似关系图

## 1. 农历每月的平均天数

公历中的闰月设定在 2 月，闰 2 月较平 2 月增多一天；而农历中的闰年则是较平年增多一个月，连续 19 年中 7 年为闰年，每隔 3 年或每隔 2 年一闰。

农历 19 年的总和天数与公历 19 年的总和天数应该是相等或近似相等的。

公历 19 年的总天数是

$$15 \times 365 + 4 \times 366 = 6939$$

或

$$14 \times 365 + 5 \times 366 = 6940$$

或

$$\frac{3}{4} \times 19 \times 365 + \frac{1}{4} \times 19 \times 366 = 6939.75$$

农历 19 年的总月数是

$$12 \times 12 + 7 \times 13 = 235$$

于是农历每月的平均天数应为

$$\left.\begin{array}{r} 6939 \\ 6940 \\ 6939.75 \end{array}\right\} \div 235 = \begin{array}{l} 29.5277 \\ 29.5319 \\ 29.5309 \end{array}$$

实际上，农历设定大月 30 天，小月为 29 天，大月数目比小月数目稍多。观测的平均天数为 29.5306。

## 2. 春节滞后于元旦的天数

春节滞后于元旦的天数 $\alpha$ 随年序号变化的规律如何？可参看表 3.8.1 中 $\alpha$ 平均值的 4 舍 5 入结果（参考值）。

表 3.8.1 中将年序号减去若干个 19，便得到简练年序（1～19）。

注意 $\alpha$ 值就是表 3.5.1 中相应于正月的 A 值。

还可注意，某年的 $\alpha$ 与次年的 $\alpha$ 具有下列关系：

**某年的 $\alpha$ + 该农历年的天数 - 该公历年的天数 = 次年的 $\alpha$**

表 3.8.1 年序号和相应的 α 值（括号中是闰年结果）

| 简练年序 | 年序 | α | 年序 | α | 年序 | α | 年序 | α | 年序 | α | 年序 | α | 年序 | α | 年序 | α | α 的平均值 | 4 舍 5 入结果 |
|---|---|---|---|---|---|---|---|---|---|---|---|---|---|---|---|---|---|---|
| 1 | 1901 | 49 | 1920 | 50 | 1939 | 49 | 1958 | 48 | 1977 | 48 | 1996 | 49 | 2015 | 49 | 2034 | 49 | 2053 | 49 | 48.89 | 49 |
| 2 | 1902 | 38 | 1921 | 38 | 1940 | 38 | 1959 | 38 | 1978 | 37 | 1997 | 37 | 2016 | 38 | 2035 | 38 | 2054 | 38 | 37.78 | 38 |
| 3 | 1903 | (28) | 1922 | (27) | 1941 | (26) | 1960 | (27) | 1979 | (27) | 1998 | (27) | 2017 | (27) | 2036 | (27) | 2055 | (27) | 27.00 | 27 |
| 4 | 1904 | 46 | 1923 | 46 | 1942 | 45 | 1961 | 45 | 1980 | 46 | 1999 | 46 | 2018 | 46 | 2037 | 45 | 2056 | 45 | 45.56 | 46 |
| 5 | 1905 | 34 | 1924 | 35 | 1943 | 35 | 1962 | 35 | 1981 | 35 | 2000 | 35 | 2019 | 35 | 2038 | 34 | 2057 | 34 | 34.67 | 35 |
| 6 | 1906 | (24) | 1925 | (23) | 1944 | (24) | 1963 | (24) | 1982 | (24) | 2001 | (23) | 2020 | (24) | 2039 | (23) | 2058 | (23) | 23.56 | 24 |
| 7 | 1907 | 43 | 1926 | 43 | 1945 | 43 | 1964 | 43 | 1983 | 43 | 2002 | 42 | 2021 | 42 | 2040 | 42 | 2059 | 42 | 42.56 | 43 |
| 8 | 1908 | 32 | 1927 | 32 | 1946 | 32 | 1965 | 32 | 1984 | (32) | 2003 | 31 | 2022 | 31 | 2041 | 31 | 2060 | 32 | 31.67 | 32 |
| 9 | 1909 | (21) | 1928 | (22) | 1947 | (21) | 1966 | (20) | 1985 | 50* | 2004 | (21) | 2023 | (21) | 2042 | (21) | | | 21.00 | 21 |
| 10 | 1910 | 40 | 1929 | 40 | 1948 | 40 | 1967 | 39 | 1986 | 39 | 2005 | 39 | 2024 | 40 | 2043 | 40 | | | 39.63 | 40 |
| 11 | 1911 | (29) | 1930 | (29) | 1949 | (28) | 1968 | (29) | 1987 | (28) | 2006 | (28) | 2025 | (28) | 2044 | (29) | | | 28.50 | 29 |
| 12 | 1912 | 48 | 1931 | 47 | 1950 | 47 | 1969 | 47 | 1988 | 47 | 2007 | 48 | 2026 | 47 | 2045 | 47 | | | 47.25 | 47 |
| 13 | 1913 | 36 | 1932 | 36 | 1951 | 36 | 1970 | 36 | 1989 | 36 | 2008 | 37 | 2027 | 36 | 2046 | 36 | | | 36.13 | 36 |
| 14 | 1914 | (25) | 1933 | (25) | 1952 | (26) | 1971 | (26) | 1990 | (26) | 2009 | (25) | 2028 | (25) | 2047 | (25) | | | 25.38 | 25 |
| 15 | 1915 | 44 | 1934 | 44 | 1953 | 44 | 1972 | 45 | 1991 | 45 | 2010 | 45 | 2029 | 44 | 2048 | 44 | | | 44.13 | 44 |
| 16 | 1916 | 33 | 1935 | 34 | 1954 | 34 | 1973 | 33 | 1992 | 34 | 2011 | 33 | 2030 | 33 | 2049 | 32 | | | 33.13 | 33 |
| 17 | 1917 | (22) | 1936 | (23) | 1955 | (23) | 1974 | (22) | 1993 | (22) | 2012 | (22) | 2031 | (22) | 2050 | (22) | | | 22.25 | 22 |
| 18 | 1918 | 41 | 1937 | 41 | 1956 | 42 | 1975 | 41 | 1994 | 40 | 2013 | 40 | 2032 | 40 | 2051 | 41 | | | 40.88 | 41 |
| 19 | 1919 | (31) | 1938 | (30) | 1957 | (30) | 1976 | (30) | 1995 | (30) | 2014 | (30) | 2033 | (30) | 2052 | (31) | | | 30.25 | 30 |

*异常结果。

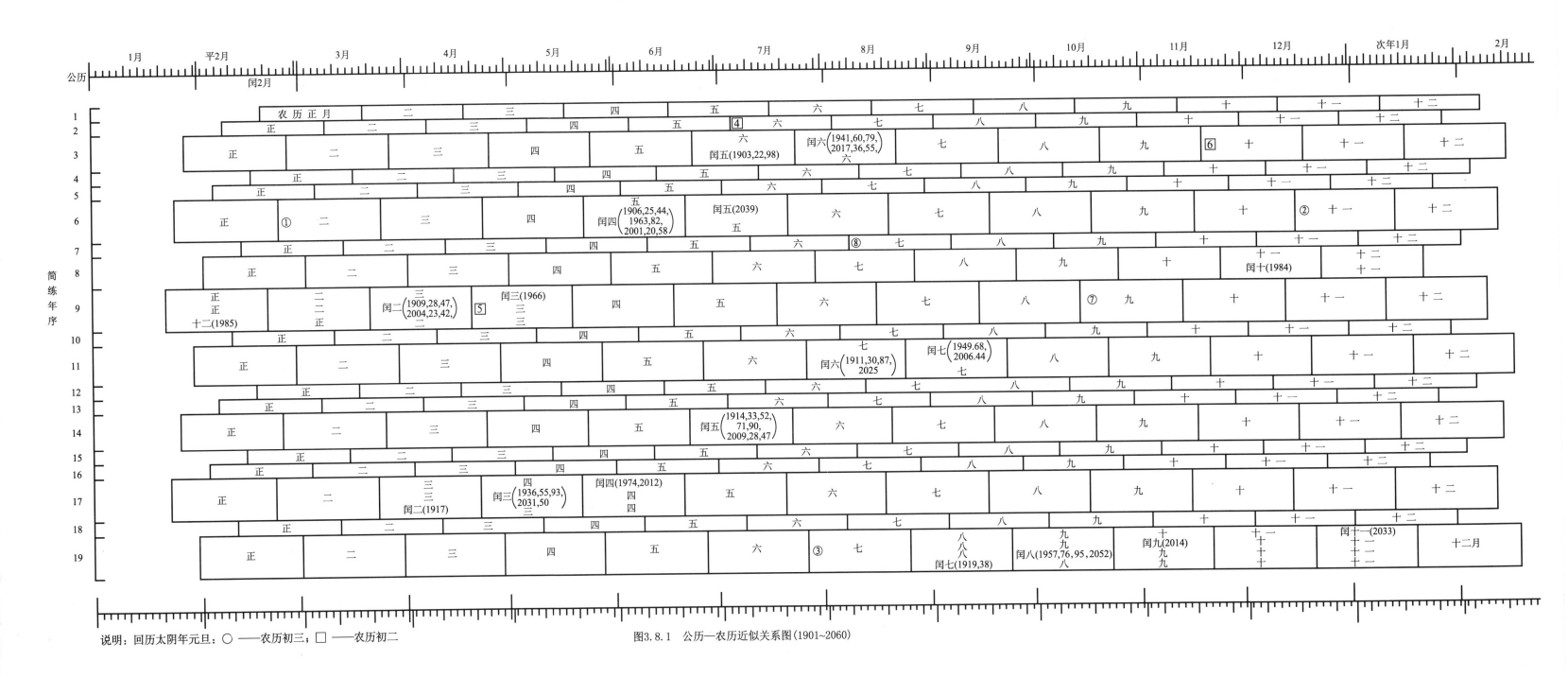

公历

简练年序

说明：回历太阴年元旦：○——农历初三；□——农历初二

图3.8.1 公历—农历近似关系图(1901~2060)

现举出几组算例：

第一组

| 1965（乙巳、蛇） | $32 + 353 - 365 = 20$ | （1966 年的 $\alpha$） |
| 1992（壬申、猴） | $34 + 354 - 366 = 22$ | （1993 年的 $\alpha$） |
| 1951（辛卯、兔） | $36 + 355 - 365 = 26$ | （1952 年的 $\alpha$） |

第二组

| 1903（癸卯、兔闰） | $28 + 383 - 365 = 46$ | （1904 年的 $\alpha$） |
| 1968（戊申、猴闰） | $29 + 384 - 366 = 47$ | （1969 年的 $\alpha$） |
| 1925（乙丑、牛闰） | $23 + 385 - 365 = 43$ | （1926 年的 $\alpha$） |

第三组

| 1983（癸亥、猪） | $43 + 354 - 365 = 32$ | （1984 年的 $\alpha$） |
| 1984（甲子、鼠闰） | $32 + 384 - 366 = 50$ | （1985 年的 $\alpha$） |
| 1985（乙丑、牛） | $50 + 354 - 365 = 39$ | （1986 年的 $\alpha$） |

现根据简练年序将 $\alpha$ 取为表 3.8.1 中的 4 舍 5 入参考值，农历每月的天数取为 29.53，闰月紧随出现在哪个月之后做特别的注明，于是可绘出公历—农历近似关系如图 3.8.1 所示的这仅一张图。

利用图 3.8.1 相互查读公历—农历对应的月、日，误差仅为 1 日或未及 1 日，个别特殊情形误差可能再稍大一点。

与这个公历月、日相应的星期几可核查表 3.4.1，与这个农历月、日相应的星期几可核查表 3.6.1，此二结果（星期几）必须一致。否则，应重新核查图 3.8.1 的结果是否准确。

公历 19 年共有 228（ $=19 \times 12$）个月。每月两个节气，总共 456（ $=19 \times 24$）个节气。

与公历相当的农历 19 年共有 235（ $=228 + 7$）个月，但节气总共仍为 456 个；其中，7 个闰月为无"气"之月，每月仅含一个"节"，另 7 个平月每月仅含一个"气"，余下的 221 个平月每月含两个节气。

有非常特殊的情形，这 221 个平月中的某两个月中，1 个含 3 个节气，而另 1 个只含 1 个节气。

还另有非常特殊的情形，闰年中若出现两个无"气"之月，其中一个是闰月，而另一个就不是闰月。

如果回溯 200 多年，不太久远的清朝乾隆元年是公元 1736 年（丙辰），简练年序 $\alpha = 7$。查看图 3.8.1，农历四月廿六对应公历 6 月 5～7 日，正是芒种，文人把这节日又叫作"饯花节"，著名古典才子小说《红楼梦》中的女主人公林黛玉的葬花情节就是发生在这一天。

# 第九节　妄议公历年历中月、日排序规则化

**1. 规则化的限度**

公历年历中12个月份有大月（31天），也有小月（30天），还有闰2月（29天）和平2月（28天），长短不等；长月和短月多半是交错出现，但7月和8月这两个长的大月却紧连出现。总之，参差不齐，无规则可言。这样的不规则情形是由于古代当时的权势拥有者互相争名、互相"攀比"所造成的。

不规则情况给后世的年历使用者带来诸多不便。多年来，一直有将公历年历中月、日排列规则化的呼声。

平年365天，闰年366天，"四年一闰"，"400年废三闰"，……，这是与观测数据几近吻合的，不能改变的；但是，只要一年设12个月，一个月设30或31天左右，全年未足365或366天的剩余日子作为特殊假日，每三个月与一季相应，季节的交替与寒暑变化、农作时令关连，这样的月、日排列是可以对现年历做变更的。正式的法定变更须由职权机构决定，业余者试做议论是允许的，甚至是应该鼓励的。

由于365和366这两个数目既不能用7（一星期的天数）整除，也不能用12（一年的月份数）整除，以下选议的规则化方案只能做到比现年历要规则一些，还不可能做到理想中的那样规则。规则化是有一定限度的。

这里再次着重说明，议论中的规则化方案并不具有法定效力，仅供业余讨论参考。

### 表 3.9.1　14个规则化样本年历
### P1 或 R1（1～11）月

| 1，4，7，10月 | | | | | | b1 |
|---|---|---|---|---|---|---|
| 日 | 一 | 二 | 三 | 四 | 五 | 六 |
| | 1 | 2 | 3 | 4 | 5 | 6 |
| 7 | 8 | 9 | 10 | 11 | 12 | 13 |
| 14 | 15 | 16 | 17 | 18 | 19 | 20 |
| 21 | 22 | 23 | 24 | 25 | 26 | 27 |
| 28 | 29 | 30 | 31 | | | |

| 2，5，8，11月 | | | | | | a4 |
|---|---|---|---|---|---|---|
| 日 | 一 | 二 | 三 | 四 | 五 | 六 |
| | | | | 1 | 2 | 3 |
| 4 | 5 | 6 | 7 | 8 | 9 | 10 |
| 11 | 12 | 13 | 14 | 15 | 16 | 17 |
| 18 | 19 | 20 | 21 | 22 | 23 | 24 |
| 25 | 26 | 27 | 28 | 29 | 30 | |

| 3，6，9月 | | | | | | a6 |
|---|---|---|---|---|---|---|
| 日 | 一 | 二 | 三 | 四 | 五 | 六 |
| | | | | | | 1 |
| 2 | 3 | 4 | 5 | 6 | 7 | 8 |
| 9 | 10 | 11 | 12 | 13 | 14 | 15 |
| 16 | 17 | 18 | 19 | 20 | 21 | 22 |
| 23 | 24 | 25 | 26 | 27 | 28 | 29 |
| 30 | | | | | | |

**P1**

| 12月 | | | | | | b6 |
|---|---|---|---|---|---|---|
| 日 | 一 | 二 | 三 | 四 | 五 | 六 |
| | | | | | | 1 |
| 2 | 3 | 4 | 5 | 6 | 7 | 8 |
| 9 | 10 | 11 | 12 | 13 | 14 | 15 |
| 16 | 17 | 18 | 19 | 20 | 21 | 22 |
| 23 | 24 | 25 | 26 | 27 | 28 | 29 |
| 30 | 31 | | | | | |

**R1**

| 12月 | | | | | | c6 |
|---|---|---|---|---|---|---|
| 日 | 一 | 二 | 三 | 四 | 五 | 六 |
| | | | | | | 1 |
| 2 | 3 | 4 | 5 | 6 | 7 | 8 |
| 9 | 10 | 11 | 12 | 13 | 14 | 15 |
| 16 | 17 | 18 | 19 | 20 | 21 | 22 |
| 23 | 24 | 25 | 26 | 27 | 28 | 29 |
| 30 | 31 | 32 | | | | |

**P2 或 R2 （1～11 月）**

1, 4, 7, 10 月　　　　　b2

| 日 | 一 | 二 | 三 | 四 | 五 | 六 |
| --- | --- | --- | --- | --- | --- | --- |
|  |  | 1 | 2 | 3 | 4 | 5 |
| 6 | 7 | 8 | 9 | 10 | 11 | 12 |
| 13 | 14 | 15 | 16 | 17 | 18 | 19 |
| 20 | 21 | 22 | 23 | 24 | 25 | 26 |
| 27 | 28 | 29 | 30 | 31 |  |  |

2, 5, 8, 11 月　　　　　a5

| 日 | 一 | 二 | 三 | 四 | 五 | 六 |
| --- | --- | --- | --- | --- | --- | --- |
|  |  |  |  |  | 1 | 2 |
| 3 | 4 | 5 | 6 | 7 | 8 | 9 |
| 10 | 11 | 12 | 13 | 14 | 15 | 16 |
| 17 | 18 | 19 | 20 | 21 | 22 | 23 |
| 24 | 25 | 26 | 27 | 28 | 29 | 30 |

3, 6, 9 月　　　　　a7

| 日 | 一 | 二 | 三 | 四 | 五 | 六 |
| --- | --- | --- | --- | --- | --- | --- |
| 1 | 2 | 3 | 4 | 5 | 6 | 7 |
| 8 | 9 | 10 | 11 | 12 | 13 | 14 |
| 15 | 16 | 17 | 18 | 19 | 20 | 21 |
| 22 | 23 | 24 | 25 | 26 | 27 | 28 |
| 29 | 30 |  |  |  |  |  |

P2

12 月　　　　　b7

| 日 | 一 | 二 | 三 | 四 | 五 | 六 |
| --- | --- | --- | --- | --- | --- | --- |
| 1 | 2 | 3 | 4 | 5 | 6 | 7 |
| 8 | 9 | 10 | 11 | 12 | 13 | 14 |
| 15 | 16 | 17 | 18 | 19 | 20 | 21 |
| 22 | 23 | 24 | 25 | 26 | 27 | 28 |
| 29 | 30 | 31 |  |  |  |  |

R2

12 月　　　　　c7

| 日 | 一 | 二 | 三 | 四 | 五 | 六 |
| --- | --- | --- | --- | --- | --- | --- |
| 1 | 2 | 3 | 4 | 5 | 6 | 7 |
| 8 | 9 | 10 | 11 | 12 | 13 | 14 |
| 15 | 16 | 17 | 18 | 19 | 20 | 21 |
| 22 | 23 | 24 | 25 | 26 | 27 | 28 |
| 29 | 30 | 31 | 32 |  |  |  |

**P3 或 R3 （1～11 月）**

1, 4, 7, 10 月　　　　　b3

| 日 | 一 | 二 | 三 | 四 | 五 | 六 |
| --- | --- | --- | --- | --- | --- | --- |
|  |  |  | 1 | 2 | 3 | 4 |
| 5 | 6 | 7 | 8 | 9 | 10 | 11 |
| 12 | 13 | 14 | 15 | 16 | 17 | 18 |
| 19 | 20 | 21 | 22 | 23 | 24 | 25 |
| 26 | 27 | 28 | 29 | 30 | 31 |  |

2, 5, 8, 11 月　　　　　a6

| 日 | 一 | 二 | 三 | 四 | 五 | 六 |
| --- | --- | --- | --- | --- | --- | --- |
|  |  |  |  |  |  | 1 |
| 2 | 3 | 4 | 5 | 6 | 7 | 8 |
| 9 | 10 | 11 | 12 | 13 | 14 | 15 |
| 16 | 17 | 18 | 19 | 20 | 21 | 22 |
| 23 | 24 | 25 | 26 | 27 | 28 | 29 |
| 30 |  |  |  |  |  |  |

3, 6, 9 月　　　　　a1

| 日 | 一 | 二 | 三 | 四 | 五 | 六 |
| --- | --- | --- | --- | --- | --- | --- |
|  | 1 | 2 | 3 | 4 | 5 | 6 |
| 7 | 8 | 9 | 10 | 11 | 12 | 13 |
| 14 | 15 | 16 | 17 | 18 | 19 | 20 |
| 21 | 22 | 23 | 24 | 25 | 26 | 27 |
| 28 | 29 | 30 |  |  |  |  |

P3

12 月　　　　　b1

| 日 | 一 | 二 | 三 | 四 | 五 | 六 |
| --- | --- | --- | --- | --- | --- | --- |
|  | 1 | 2 | 3 | 4 | 5 | 6 |
| 7 | 8 | 9 | 10 | 11 | 12 | 13 |
| 14 | 15 | 16 | 17 | 18 | 19 | 20 |
| 21 | 22 | 23 | 24 | 25 | 26 | 27 |
| 28 | 29 | 30 | 31 |  |  |  |

R3

12 月　　　　　c1

| 日 | 一 | 二 | 三 | 四 | 五 | 六 |
| --- | --- | --- | --- | --- | --- | --- |
|  | 1 | 2 | 3 | 4 | 5 | 6 |
| 7 | 8 | 9 | 10 | 11 | 12 | 13 |
| 14 | 15 | 16 | 17 | 18 | 19 | 20 |
| 21 | 22 | 23 | 24 | 25 | 26 | 27 |
| 28 | 29 | 30 | 31 | 32 |  |  |

## P4 或 R4（1～11 月）

| 1，4，7，10 月 | | | | | | b4 |
|---|---|---|---|---|---|---|
| 日 | 一 | 二 | 三 | 四 | 五 | 六 |
| | | | | 1 | 2 | 3 |
| 4 | 5 | 6 | 7 | 8 | 9 | 10 |
| 11 | 12 | 13 | 14 | 15 | 16 | 17 |
| 18 | 19 | 20 | 21 | 22 | 23 | 24 |
| 25 | 26 | 27 | 28 | 29 | 30 | 31 |

| 2，5，8，11 月 | | | | | | a7 |
|---|---|---|---|---|---|---|
| 日 | 一 | 二 | 三 | 四 | 五 | 六 |
| 1 | 2 | 3 | 4 | 5 | 6 | 7 |
| 8 | 9 | 10 | 11 | 12 | 13 | 14 |
| 15 | 16 | 17 | 18 | 19 | 20 | 21 |
| 22 | 23 | 24 | 25 | 26 | 27 | 28 |
| 29 | 30 | | | | | |

| 3，6，9 月 | | | | | | a2 |
|---|---|---|---|---|---|---|
| 日 | 一 | 二 | 三 | 四 | 五 | 六 |
| | | | 1 | 2 | 3 | 4 | 5 |
| 6 | 7 | 8 | 9 | 10 | 11 | 12 |
| 13 | 14 | 15 | 16 | 17 | 18 | 19 |
| 20 | 21 | 22 | 23 | 24 | 25 | 26 |
| 27 | 28 | 29 | 30 | | | |

### P4

| 12 月 | | | | | | b2 |
|---|---|---|---|---|---|---|
| 日 | 一 | 二 | 三 | 四 | 五 | 六 |
| | | 1 | 2 | 3 | 4 | 5 |
| 6 | 7 | 8 | 9 | 10 | 11 | 12 |
| 13 | 14 | 15 | 16 | 17 | 18 | 19 |
| 20 | 21 | 22 | 23 | 24 | 25 | 26 |
| 27 | 28 | 29 | 30 | 31 | | |

### R4

| 12 月 | | | | | | c2 |
|---|---|---|---|---|---|---|
| 日 | 一 | 二 | 三 | 四 | 五 | 六 |
| | | 1 | 2 | 3 | 4 | 5 |
| 6 | 7 | 8 | 9 | 10 | 11 | 12 |
| 13 | 14 | 15 | 16 | 17 | 18 | 19 |
| 20 | 21 | 22 | 23 | 24 | 25 | 26 |
| 27 | 28 | 29 | 30 | 31 | 32 | |

## P5 或 R5（1～11 月）

| 1，4，7，10 月 | | | | | | b5 |
|---|---|---|---|---|---|---|
| 日 | 一 | 二 | 三 | 四 | 五 | 六 |
| | | | | | 1 | 2 |
| 3 | 4 | 5 | 6 | 7 | 8 | 9 |
| 10 | 11 | 12 | 13 | 14 | 15 | 16 |
| 17 | 18 | 19 | 20 | 21 | 22 | 23 |
| 24 | 25 | 26 | 27 | 28 | 29 | 30 |
| 31 | | | | | | |

| 2，5，8，11 月 | | | | | | a1 |
|---|---|---|---|---|---|---|
| 日 | 一 | 二 | 三 | 四 | 五 | 六 |
| | 1 | 2 | 3 | 4 | 5 | 6 |
| 7 | 8 | 9 | 10 | 11 | 12 | 13 |
| 14 | 15 | 16 | 17 | 18 | 19 | 20 |
| 21 | 22 | 23 | 24 | 25 | 26 | 27 |
| 28 | 29 | 30 | | | | |

| 3，6，9 月 | | | | | | a3 |
|---|---|---|---|---|---|---|
| 日 | 一 | 二 | 三 | 四 | 五 | 六 |
| | | | 1 | 2 | 3 | 4 |
| 5 | 6 | 7 | 8 | 9 | 10 | 11 |
| 12 | 13 | 14 | 15 | 16 | 17 | 18 |
| 19 | 20 | 21 | 22 | 23 | 24 | 25 |
| 26 | 27 | 28 | 29 | 30 | | |

### P5

| 12 月 | | | | | | b3 |
|---|---|---|---|---|---|---|
| 日 | 一 | 二 | 三 | 四 | 五 | 六 |
| | | | 1 | 2 | 3 | 4 |
| 5 | 6 | 7 | 8 | 9 | 10 | 11 |
| 12 | 13 | 14 | 15 | 16 | 17 | 18 |
| 19 | 20 | 21 | 22 | 23 | 24 | 25 |
| 26 | 27 | 28 | 29 | 30 | 31 | |

### R5

| 12 月 | | | | | | c3 |
|---|---|---|---|---|---|---|
| 日 | 一 | 二 | 三 | 四 | 五 | 六 |
| | | | 1 | 2 | 3 | 4 |
| 5 | 6 | 7 | 8 | 9 | 10 | 11 |
| 12 | 13 | 14 | 15 | 16 | 17 | 18 |
| 19 | 20 | 21 | 22 | 23 | 24 | 25 |
| 26 | 27 | 28 | 29 | 30 | 31 | 32 |

**P6 或 R6 （1～11 月）**

1，4，7，10月　　　　b6

| 日 | 一 | 二 | 三 | 四 | 五 | 六 |
|---|---|---|---|---|---|---|
|  |  |  |  |  |  | 1 |
| 2 | 3 | 4 | 5 | 6 | 7 | 8 |
| 9 | 10 | 11 | 12 | 13 | 14 | 15 |
| 16 | 17 | 18 | 19 | 20 | 21 | 22 |
| 23 | 24 | 25 | 26 | 27 | 28 | 29 |
| 30 | 31 |  |  |  |  |  |

2，5，8，11月　　　　a2

| 日 | 一 | 二 | 三 | 四 | 五 | 六 |
|---|---|---|---|---|---|---|
|  |  | 1 | 2 | 3 | 4 | 5 |
| 6 | 7 | 8 | 9 | 10 | 11 | 12 |
| 13 | 14 | 15 | 16 | 17 | 18 | 19 |
| 20 | 21 | 22 | 23 | 24 | 25 | 26 |
| 27 | 28 | 29 | 30 |  |  |  |

3，6，9月　　　　a4

| 日 | 一 | 二 | 三 | 四 | 五 | 六 |
|---|---|---|---|---|---|---|
|  |  |  |  | 1 | 2 | 3 |
| 4 | 5 | 6 | 7 | 8 | 9 | 10 |
| 11 | 12 | 13 | 14 | 15 | 16 | 17 |
| 18 | 19 | 20 | 21 | 22 | 23 | 24 |
| 25 | 26 | 27 | 28 | 29 | 30 |  |

**P6**

12 月　　　　b4

| 日 | 一 | 二 | 三 | 四 | 五 | 六 |
|---|---|---|---|---|---|---|
|  |  |  |  | 1 | 2 | 3 |
| 4 | 5 | 6 | 7 | 8 | 9 | 10 |
| 11 | 12 | 13 | 14 | 15 | 16 | 17 |
| 18 | 19 | 20 | 21 | 22 | 23 | 24 |
| 25 | 26 | 27 | 28 | 29 | 30 | 31 |

**R6**

12 月　　　　c4

| 日 | 一 | 二 | 三 | 四 | 五 | 六 |
|---|---|---|---|---|---|---|
|  |  |  |  | 1 | 2 | 3 |
| 4 | 5 | 6 | 7 | 8 | 9 | 10 |
| 11 | 12 | 13 | 14 | 15 | 16 | 17 |
| 18 | 19 | 20 | 21 | 22 | 23 | 24 |
| 25 | 26 | 27 | 28 | 29 | 30 | 31 |
| 32 |  |  |  |  |  |  |

**P7 或 R7 （1～11 月）**

第一季

1 月　b7

| 日 | 一 | 二 | 三 | 四 | 五 | 六 |
|---|---|---|---|---|---|---|
| 1 | 2 | 3 | 4 | 5 | 6 | 7 |
| 8 | 9 | 10 | 11 | 12 | 13 | 14 |
| 15 | 16 | 17 | 18 | 19 | 20 | 21 |
| 22 | 23 | 24 | 25 | 26 | 27 | 28 |
| 29 | 30 | 31 |  |  |  |  |

2 月　a3

| 日 | 一 | 二 | 三 | 四 | 五 | 六 |
|---|---|---|---|---|---|---|
|  |  |  | 1 | 2 | 3 | 4 |
| 5 | 6 | 7 | 8 | 9 | 10 | 11 |
| 12 | 13 | 14 | 15 | 16 | 17 | 18 |
| 19 | 20 | 21 | 22 | 23 | 24 | 25 |
| 26 | 27 | 28 | 29 | 30 |  |  |

3 月　a5

| 日 | 一 | 二 | 三 | 四 | 五 | 六 |
|---|---|---|---|---|---|---|
|  |  |  |  |  | 1 | 2 |
| 3 | 4 | 5 | 6 | 7 | 8 | 9 |
| 10 | 11 | 12 | 13 | 14 | 15 | 16 |
| 17 | 18 | 19 | 20 | 21 | 22 | 23 |
| 24 | 25 | 26 | 27 | 28 | 29 | 30 |

第二季

4 月　b7

| 日 | 一 | 二 | 三 | 四 | 五 | 六 |
|---|---|---|---|---|---|---|
| 1 | 2 | 3 | 4 | 5 | 6 | 7 |
| 8 | 9 | 10 | 11 | 12 | 13 | 14 |
| 15 | 16 | 17 | 18 | 19 | 20 | 21 |
| 22 | 23 | 24 | 25 | 26 | 27 | 28 |
| 29 | 30 | 31 |  |  |  |  |

5 月　a3

| 日 | 一 | 二 | 三 | 四 | 五 | 六 |
|---|---|---|---|---|---|---|
|  |  |  | 1 | 2 | 3 | 4 |
| 5 | 6 | 7 | 8 | 9 | 10 | 11 |
| 12 | 13 | 14 | 15 | 16 | 17 | 18 |
| 19 | 20 | 21 | 22 | 23 | 24 | 25 |
| 26 | 27 | 28 | 29 | 30 |  |  |

6 月　a5

| 日 | 一 | 二 | 三 | 四 | 五 | 六 |
|---|---|---|---|---|---|---|
|  |  |  |  |  | 1 | 2 |
| 3 | 4 | 5 | 6 | 7 | 8 | 9 |
| 10 | 11 | 12 | 13 | 14 | 15 | 16 |
| 17 | 18 | 19 | 20 | 21 | 22 | 23 |
| 24 | 25 | 26 | 27 | 28 | 29 | 30 |

| 日 | 一 | 二 | 三 | 四 | 五 | 六 |
|---|---|---|---|---|---|---|
| 1 | 2 | 3 | 4 | 5 | 6 | 7 |
| 8 | 9 | 10 | 11 | 12 | 13 | 14 |
| 15 | 16 | 17 | 18 | 19 | 20 | 21 |
| 22 | 23 | 24 | 25 | 26 | 27 | 28 |
| 29 | 30 | 31 | | | | |

7月 第三季 b7

| 日 | 一 | 二 | 三 | 四 | 五 | 六 |
|---|---|---|---|---|---|---|
| | | | 1 | 2 | 3 | 4 |
| 5 | 6 | 7 | 8 | 9 | 10 | 11 |
| 12 | 13 | 14 | 15 | 16 | 17 | 18 |
| 19 | 20 | 21 | 22 | 23 | 24 | 25 |
| 26 | 27 | 28 | 29 | 30 | | |

8月 a3

| 日 | 一 | 二 | 三 | 四 | 五 | 六 |
|---|---|---|---|---|---|---|
| | | | | | 1 | 2 |
| 3 | 4 | 5 | 6 | 7 | 8 | 9 |
| 10 | 11 | 12 | 13 | 14 | 15 | 16 |
| 17 | 18 | 19 | 20 | 21 | 22 | 23 |
| 24 | 25 | 26 | 27 | 28 | 29 | 30 |

9月 a5

| 日 | 一 | 二 | 三 | 四 | 五 | 六 |
|---|---|---|---|---|---|---|
| 1 | 2 | 3 | 4 | 5 | 6 | 7 |
| 8 | 9 | 10 | 11 | 12 | 13 | 14 |
| 15 | 16 | 17 | 18 | 19 | 20 | 21 |
| 22 | 23 | 24 | 25 | 26 | 27 | 28 |
| 29 | 30 | 31 | | | | |

10月 第四季 b7

| 日 | 一 | 二 | 三 | 四 | 五 | 六 |
|---|---|---|---|---|---|---|
| | | | 1 | 2 | 3 | 4 |
| 5 | 6 | 7 | 8 | 9 | 10 | 11 |
| 12 | 13 | 14 | 15 | 16 | 17 | 18 |
| 19 | 20 | 21 | 22 | 23 | 24 | 25 |
| 26 | 27 | 28 | 29 | 30 | | |

11月 a3

**P7**

| 日 | 一 | 二 | 三 | 四 | 五 | 六 |
|---|---|---|---|---|---|---|
| | | | | | 1 | 2 |
| 3 | 4 | 5 | 6 | 7 | 8 | 9 |
| 10 | 11 | 12 | 13 | 14 | 15 | 16 |
| 17 | 18 | 19 | 20 | 21 | 22 | 23 |
| 24 | 25 | 26 | 27 | 28 | 29 | 30 |
| 31 | | | | | | |

12月 b5

**R7**

| 日 | 一 | 二 | 三 | 四 | 五 | 六 |
|---|---|---|---|---|---|---|
| | | | | | 1 | 2 |
| 3 | 4 | 5 | 6 | 7 | 8 | 9 |
| 10 | 11 | 12 | 13 | 14 | 15 | 16 |
| 17 | 18 | 19 | 20 | 21 | 22 | 23 |
| 24 | 25 | 26 | 27 | 28 | 29 | 30 |
| 31 | 32 | | | | | |

12月 c5

**表 3.9.2　规则化样本年历与样本月历的组成关系**

| 月份 | P 或 R | | | | | | | | | | | P | R |
|---|---|---|---|---|---|---|---|---|---|---|---|---|---|
| | 1 | 2 | 3 | 4 | 5 | 6 | 7 | 8 | 9 | 10 | 11 | 12 | 12 |
| 样本月历 | b | a | a | b | a | a | b | a | a | b | a | b | c |
| 样本年历 1 | 1 | 4 | 6 | 1 | 4 | 6 | 1 | 4 | 6 | 1 | 4 | 6 | 6 |
| 样本年历 2 | 2 | 5 | 7 | 2 | 5 | 7 | 2 | 5 | 7 | 2 | 5 | 7 | 7 |
| 样本年历 3 | 3 | 6 | 1 | 3 | 6 | 1 | 3 | 6 | 1 | 3 | 6 | 1 | 1 |
| 样本年历 4 | 4 | 7 | 2 | 4 | 7 | 2 | 4 | 7 | 2 | 4 | 7 | 2 | 2 |
| 样本年历 5 | 5 | 1 | 3 | 5 | 1 | 3 | 5 | 1 | 3 | 5 | 1 | 3 | 3 |
| 样本年历 6 | 6 | 2 | 4 | 6 | 2 | 4 | 6 | 2 | 4 | 6 | 2 | 4 | 4 |
| 样本年历 7 | 7 | 3 | 5 | 7 | 3 | 5 | 7 | 3 | 5 | 7 | 3 | 5 | 5 |

表3.9.3 规则化公历（第1～364天）与现公历的月、日对应关系

| 全年日序号 | 1月 | | 全年日序号 | 2月（含3月初） | | | 全年日序号 | 3月（含4月初） | | | 全年日序号 | 4月（含5月初） | | | 全年日序号 | 5月（含6月初） | | | 全年日序号 | 6月（含7月初） | | |
|---|---|---|---|---|---|---|---|---|---|---|---|---|---|---|---|---|---|---|---|---|---|---|
| | 规则化公历 | 现公历 | | 规则化公历 | 现公历平年 | 现公历闰年 | | 规则化公历 | 现公历平年 | 现公历闰年 | | 规则化公历 | 现公历平年 | 现公历闰年 | | 规则化公历 | 现公历平年 | 现公历闰年 | | 规则化公历 | 现公历平年 | 现公历闰年 |
| 1 | 1 | 1 | 32 | 1 | 1 | 1 | 62 | 1 | 3 | 2 | 92 | 1 | 2 | 1 | 123 | 1 | 3 | 2 | 153 | 1 | 2 | 1 |
| 2 | 2 | 2 | 33 | 2 | 2 | 2 | 63 | 2 | 4 | 3 | 93 | 2 | 3 | 2 | 124 | 2 | 4 | 3 | 154 | 2 | 3 | 2 |
| 3 | 3 | 3 | 34 | 3 | 3 | 3 | 64 | 3 | 5 | 4 | 94 | 3 | 4 | 3 | 125 | 3 | 5 | 4 | 155 | 3 | 4 | 3 |
| 4 | 4 | 4 | 35 | 4 | 4 | 4 | 65 | 4 | 6 | 5 | 95 | 4 | 5 | 4 | 126 | 4 | 6 | 5 | 156 | 4 | 5 | 4 |
| 5 | 5 | 5 | 36 | 5 | 5 | 5 | 66 | 5 | 7 | 6 | 96 | 5 | 6 | 5 | 127 | 5 | 7 | 6 | 157 | 5 | 6 | 5 |
| 6 | 6 | 6 | 37 | 6 | 6 | 6 | 67 | 6 | 8 | 7 | 97 | 6 | 7 | 6 | 128 | 6 | 8 | 7 | 158 | 6 | 7 | 6 |
| 7 | 7 | 7 | 38 | 7 | 7 | 7 | 68 | 7 | 9 | 8 | 98 | 7 | 8 | 7 | 129 | 7 | 9 | 8 | 159 | 7 | 8 | 7 |
| 8 | 8 | 8 | 39 | 8 | 8 | 8 | 69 | 8 | 10 | 9 | 99 | 8 | 9 | 8 | 130 | 8 | 10 | 9 | 160 | 8 | 9 | 8 |
| 9 | 9 | 9 | 40 | 9 | 9 | 9 | 70 | 9 | 11 | 10 | 100 | 9 | 10 | 9 | 131 | 9 | 11 | 10 | 161 | 9 | 10 | 9 |
| 10 | 10 | 10 | 41 | 10 | 10 | 10 | 71 | 10 | 12 | 11 | 101 | 10 | 11 | 10 | 132 | 10 | 12 | 11 | 162 | 10 | 11 | 10 |
| 11 | 11 | 11 | 42 | 11 | 11 | 11 | 72 | 11 | 13 | 12 | 102 | 11 | 12 | 11 | 133 | 11 | 13 | 12 | 163 | 11 | 12 | 11 |
| 12 | 12 | 12 | 43 | 12 | 12 | 12 | 73 | 12 | 14 | 13 | 103 | 12 | 13 | 12 | 134 | 12 | 14 | 13 | 164 | 12 | 13 | 12 |
| 13 | 13 | 13 | 44 | 13 | 13 | 13 | 74 | 13 | 15 | 14 | 104 | 13 | 14 | 13 | 135 | 13 | 15 | 14 | 165 | 13 | 14 | 13 |
| 14 | 14 | 14 | 45 | 14 | 14 | 14 | 75 | 14 | 16 | 15 | 105 | 14 | 15 | 14 | 136 | 14 | 16 | 15 | 166 | 14 | 15 | 14 |
| 15 | 15 | 15 | 46 | 15 | 15 | 15 | 76 | 15 | 17 | 16 | 106 | 15 | 16 | 15 | 137 | 15 | 17 | 16 | 167 | 65 | 16 | 15 |
| 16 | 16 | 16 | 47 | 16 | 16 | 16 | 77 | 16 | 18 | 17 | 107 | 16 | 17 | 16 | 138 | 16 | 18 | 17 | 168 | 66 | 17 | 16 |
| 17 | 17 | 17 | 48 | 17 | 17 | 17 | 78 | 17 | 19 | 18 | 108 | 17 | 18 | 17 | 139 | 17 | 19 | 18 | 169 | 17 | 18 | 17 |
| 18 | 18 | 18 | 49 | 18 | 18 | 18 | 79 | 18 | 20 | 19 | 109 | 18 | 19 | 68 | 140 | 18 | 20 | 19 | 170 | 18 | 19 | 18 |
| 19 | 19 | 19 | 50 | 19 | 19 | 19 | 80 | 19 | 21 | 20 | 110 | 19 | 20 | 19 | 141 | 19 | 21 | 20 | 171 | 19 | 20 | 19 |
| 20 | 20 | 20 | 51 | 20 | 20 | 20 | 81 | 20 | 22 | 21 | 111 | 20 | 21 | 20 | 142 | 20 | 22 | 21 | 172 | 20 | 21 | 20 |
| 21 | 21 | 21 | 52 | 21 | 21 | 21 | 82 | 21 | 23 | 22 | 112 | 21 | 22 | 21 | 143 | 21 | 23 | 22 | 173 | 21 | 22 | 21 |
| 22 | 22 | 22 | 53 | 22 | 22 | 22 | 83 | 22 | 24 | 23 | 113 | 22 | 23 | 22 | 144 | 22 | 24 | 23 | 174 | 22 | 23 | 22 |
| 23 | 23 | 23 | 54 | 23 | 23 | 23 | 84 | 23 | 25 | 24 | 114 | 23 | 24 | 23 | 145 | 23 | 25 | 24 | 175 | 23 | 24 | 23 |
| 24 | 24 | 24 | 55 | 24 | 24 | 24 | 85 | 24 | 26 | 25 | 115 | 24 | 25 | 24 | 146 | 24 | 26 | 25 | 176 | 24 | 25 | 24 |
| 25 | 25 | 25 | 56 | 25 | 25 | 25 | 86 | 25 | 27 | 26 | 116 | 25 | 26 | 25 | 147 | 25 | 27 | 26 | 177 | 25 | 26 | 25 |
| 26 | 26 | 26 | 57 | 26 | 26 | 26 | 87 | 26 | 28 | 27 | 117 | 26 | 27 | 26 | 148 | 26 | 28 | 27 | 178 | 26 | 27 | 26 |
| 27 | 27 | 27 | 58 | 27 | 27 | 27 | 88 | 27 | 29 | 28 | 118 | 27 | 28 | 27 | 149 | 27 | 29 | 28 | 179 | 27 | 28 | 27 |
| 28 | 28 | 28 | 59 | 28 | 28 | 28 | 89 | 28 | 30 | 29 | 119 | 28 | 29 | 28 | 150 | 28 | 30 | 29 | 180 | 28 | 29 | 28 |
| 29 | 29 | 29 | 60 | 29 | 3.1 | 29 | 90 | 29 | 31 | 30 | 120 | 29 | 30 | 29 | 151 | 29 | 31 | 30 | 181 | 29 | 30 | 29 |
| 30 | 30 | 30 | 61 | 30 | 3.2 | 3.1 | 91 | 30 | 4.1 | 31 | 121 | 30 | 5.1 | 30 | 152 | 30 | 6.1 | 31 | 182 | 30 | 7.1 | 30 |
| 31 | 31 | 31 | | | | | | | | | 122 | 31 | 5.2 | 5.1 | | | | | | | | |

| 全年日序号 | 7月（含8月初）规则化公历 | 现公历 平年 | 现公历 闰年 | 全年日序号 | 8月 规则化公历 | 现公历 平年 | 现公历 闰年 | 全年日序号 | 9月（含8月末）规则化公历 | 现公历 平年 | 现公历 闰年 | 全年日序号 | 10月（含9月末）规则化公历 | 现公历 平年 | 现公历 闰年 | 全年日序号 | 11月（含10月末）规则化公历 | 现公历 平年 | 现公历 闰年 | 全年日序号 | 12月（含11月末）规则化公历 | 现公历 平年 | 现公历 闰年 |
|---|---|---|---|---|---|---|---|---|---|---|---|---|---|---|---|---|---|---|---|---|---|---|---|
| 183 | 1 | 2 | 1 | 214 | 1 | 2 | 1 | 244 | 1 | 1 | 8.31 | 274 | 1 | 1 | 9.30 | 305 | 1 | 1 | 10.31 | 335 | 1 | 1 | 11.30 |
| 184 | 2 | 3 | 2 | 215 | 2 | 3 | 2 | 245 | 2 | 2 | 1 | 275 | 2 | 2 | 1 | 306 | 2 | 2 | 1 | 336 | 2 | 2 | 1 |
| 185 | 3 | 4 | 3 | 216 | 3 | 4 | 3 | 246 | 3 | 3 | 2 | 276 | 3 | 3 | 2 | 307 | 3 | 3 | 2 | 337 | 3 | 3 | 2 |
| 186 | 4 | 5 | 4 | 217 | 4 | 5 | 4 | 247 | 4 | 4 | 3 | 277 | 4 | 4 | 3 | 308 | 4 | 4 | 3 | 338 | 4 | 4 | 3 |
| 187 | 5 | 6 | 5 | 218 | 5 | 6 | 5 | 248 | 5 | 5 | 4 | 278 | 5 | 5 | 4 | 309 | 5 | 5 | 4 | 339 | 5 | 5 | 4 |
| 188 | 6 | 7 | 6 | 219 | 6 | 7 | 6 | 249 | 6 | 6 | 5 | 279 | 6 | 6 | 5 | 310 | 6 | 6 | 5 | 340 | 6 | 6 | 5 |
| 189 | 7 | 8 | 7 | 220 | 7 | 8 | 7 | 250 | 7 | 7 | 6 | 280 | 7 | 7 | 6 | 311 | 7 | 7 | 6 | 341 | 7 | 7 | 6 |
| 190 | 8 | 9 | 8 | 221 | 8 | 9 | 8 | 251 | 8 | 8 | 7 | 281 | 8 | 8 | 7 | 312 | 8 | 8 | 7 | 342 | 8 | 8 | 7 |
| 191 | 9 | 10 | 9 | 222 | 9 | 10 | 9 | 252 | 9 | 9 | 8 | 282 | 9 | 9 | 8 | 313 | 9 | 9 | 8 | 343 | 9 | 9 | 8 |
| 192 | 10 | 11 | 10 | 223 | 10 | 11 | 10 | 253 | 10 | 10 | 9 | 283 | 10 | 10 | 9 | 314 | 10 | 10 | 9 | 344 | 10 | 10 | 9 |
| 193 | 11 | 12 | 11 | 224 | 11 | 12 | 11 | 254 | 11 | 11 | 10 | 284 | 11 | 11 | 10 | 315 | 11 | 11 | 10 | 345 | 11 | 11 | 10 |
| 194 | 12 | 13 | 12 | 225 | 12 | 13 | 12 | 255 | 12 | 12 | 11 | 285 | 12 | 12 | 11 | 316 | 12 | 12 | 11 | 346 | 12 | 12 | 11 |
| 195 | 13 | 14 | 13 | 226 | 13 | 14 | 13 | 256 | 13 | 13 | 12 | 286 | 13 | 13 | 12 | 317 | 13 | 13 | 12 | 347 | 13 | 13 | 12 |
| 196 | 14 | 15 | 14 | 227 | 14 | 15 | 14 | 257 | 14 | 14 | 13 | 287 | 14 | 14 | 13 | 318 | 14 | 14 | 13 | 348 | 14 | 14 | 13 |
| 197 | 15 | 16 | 15 | 228 | 15 | 16 | 15 | 258 | 15 | 15 | 14 | 288 | 15 | 15 | 14 | 319 | 15 | 15 | 14 | 349 | 15 | 15 | 14 |
| 198 | 16 | 17 | 16 | 229 | 16 | 17 | 16 | 259 | 16 | 16 | 15 | 289 | 16 | 16 | 15 | 320 | 16 | 16 | 15 | 350 | 16 | 16 | 15 |
| 199 | 17 | 18 | 17 | 230 | 17 | 18 | 17 | 260 | 17 | 17 | 16 | 290 | 17 | 17 | 16 | 321 | 17 | 17 | 16 | 351 | 17 | 17 | 16 |
| 200 | 18 | 19 | 18 | 231 | 18 | 19 | 18 | 261 | 18 | 18 | 17 | 291 | 18 | 18 | 17 | 322 | 18 | 18 | 17 | 352 | 18 | 18 | 17 |
| 201 | 19 | 20 | 19 | 232 | 19 | 20 | 19 | 262 | 19 | 19 | 18 | 292 | 19 | 19 | 18 | 323 | 19 | 19 | 18 | 353 | 19 | 19 | 18 |
| 202 | 20 | 21 | 20 | 233 | 20 | 21 | 20 | 263 | 20 | 20 | 19 | 293 | 20 | 20 | 19 | 324 | 20 | 20 | 19 | 354 | 20 | 20 | 19 |
| 203 | 21 | 22 | 21 | 234 | 21 | 22 | 21 | 264 | 21 | 21 | 20 | 294 | 21 | 21 | 20 | 325 | 21 | 21 | 20 | 355 | 21 | 21 | 20 |
| 204 | 22 | 23 | 22 | 235 | 22 | 23 | 22 | 265 | 22 | 22 | 21 | 295 | 22 | 22 | 21 | 326 | 22 | 22 | 21 | 356 | 22 | 22 | 21 |
| 205 | 23 | 24 | 23 | 236 | 23 | 24 | 23 | 266 | 23 | 23 | 22 | 296 | 23 | 23 | 22 | 327 | 23 | 23 | 22 | 357 | 23 | 23 | 22 |
| 206 | 24 | 25 | 24 | 237 | 24 | 25 | 24 | 267 | 24 | 24 | 23 | 297 | 24 | 24 | 23 | 328 | 24 | 24 | 23 | 358 | 24 | 24 | 23 |
| 207 | 25 | 26 | 25 | 238 | 25 | 26 | 25 | 268 | 25 | 25 | 24 | 298 | 25 | 25 | 24 | 329 | 25 | 25 | 24 | 359 | 25 | 25 | 24 |
| 208 | 26 | 27 | 26 | 239 | 26 | 27 | 26 | 269 | 26 | 26 | 25 | 299 | 26 | 26 | 25 | 330 | 26 | 26 | 25 | 360 | 26 | 26 | 25 |
| 209 | 27 | 28 | 27 | 240 | 27 | 28 | 27 | 270 | 27 | 27 | 26 | 300 | 27 | 27 | 26 | 331 | 27 | 27 | 26 | 361 | 27 | 27 | 26 |
| 210 | 28 | 29 | 28 | 241 | 28 | 29 | 28 | 271 | 28 | 28 | 27 | 301 | 28 | 28 | 27 | 332 | 28 | 28 | 27 | 362 | 28 | 28 | 27 |
| 211 | 29 | 30 | 29 | 242 | 29 | 30 | 29 | 272 | 29 | 29 | 28 | 302 | 29 | 29 | 28 | 333 | 29 | 29 | 28 | 363 | 29 | 29 | 28 |
| 212 | 30 | 31 | 30 | 243 | 30 | 31 | 30 | 273 | 30 | 30 | 29 | 303 | 30 | 30 | 29 | 334 | 30 | 30 | 29 | 364 | 30 | 30 | 29 |
| 213 | 31 | 8.1 | 31 |  |  |  |  |  |  |  |  | 304 | 31 | 31 | 30 |  |  |  |  |  |  |  |  |

表 3.9.4　规则化公历（第 365 和第 366 天）与现公历的月、日对应关系

| 全年日序号 | 规则化公历 | | 现公历 | |
|---|---|---|---|---|
| | 平年 | 闰年 | 平年 | 闰年 |
| 365 | 12.31 | 12.31 | 12.31 | 12.30 |
| 366 | —— | 12.32 | —— | 12.31 |

表 3.9.5　查找规则化年历中未来的某日是星期几举例

| 年、月、日 | 平年或闰年 | 用表 3.3.2 查得年历样本 | 用表 3.9.1 中样本查得星期几结果 |
|---|---|---|---|
| 2299.12.31 | 平年 | P7 | 日 |
| 2300.1.1 | 平年（废闰） | P1 | 一 |
| 2352.3.8 | 闰年 | R2 | 日 |
| 2399.12.31 | 平年 | P5 | 五 |
| 2400.1.1 | 闰年 | R6 | 六 |
| 2400.9.19 | 闰年 | R6 | 一 |
| 2400.12.32 | 闰年 | R6 | 日 |
| 2401.1.1 | 平年 | P1 | 一 |

**2. 选议的规则化方案**

有似于现年历，这里选议的一种规则化年历方案也有 7 个平年样本（P1，P2，…，P7）和 7 个闰年样本（R1，R2，…，R7），如表 3.9.1 中所示，其中特别将 P7 和 R7 明细示出。但不同于现年历，仅有的 14 个样本年历是由仅有的 21 个样本月历（a1，a2，…，a7，各 30 天），（b1，b2，…，b7，各 31 天）和（c1，c2，…，c7，各 32 天）分别组成，组成关系如表 3.9.2 所示。

现设定 1、2、3 月为第一季，4、5、6 月为第二季、7、8、9 月为第三季，10、11 这两个月及 12 月的前 30 天为第四季。这样的设定较之春、夏、秋、冬四季有一点儿出入，大约都是提前一个月。

参看 P7 和 R7 的明细排列，由于每季都经历 91（= 31 + 30 + 30）天，恰是整整 13（= 91÷7）个星期，因而这四季中的日序号和星期几的排列都是完全相同的。这 364（= 4 × 91）天的排列十分规则化。

剩下的年终 1、2 天怎样处置呢？

可以将平年和闰年的第 365 天（即 12 月的第 31 天）设定为年终假日，每年一次。又可以将闰年的第 366 天（即 12 月的第 32 天）设定为另一个年终假日，每四年一次。

P1、P2、…、P6 和 R1、R2、…、R6 的排列和年终处置易于仿照 P7 和 R7。

**3. 规则化公历与现公历的月、日对应关系**

规则化公历与现公历的月、日对应关系示于表 3.9.3 和表 3.9.4 中。从表中数据可见，这样的规则化公历日期较对应的现公历日期可能早 1 日或相同或晚 1、2 日。

规则化公历的启用日期虽然近期（几十年、甚至更多年内）还难以确定，但可建议选择在今后某年中规则公历与现公历日期相同的月份，如：

①1 月（平年或闰年）；

②6 月或 7 月（闰年）；

③9 月、10 月或 11 月（平年）。

这样就可以使人们在一个月、两个月或三个月的"磨合"期后，转换从旧年历到新年历的使用习惯。

**4. 规则化公历与农历的月、日对应关系**

将农历各月份初一以前的总天数（自规则化公历元旦，即现公历元旦算起）以符号 A 表示，又设农历某月中的日序号为 B，则 A + B 就是该月、日自规则化公历元旦算起的天数。

又参照表 3.9.3 和表 3.9.4，特别仿照表 3.5.2，命规则化公历全年日序号为 D，于是应有

$$A + B = D$$

遵循第二章第五节中的说明，便可自农历月、日推算规则化公历月、日，也可自规则化公历月、日推算农历月、日。现举出算例：

**例** 求未来的 2059（兔）年农历五月十七应该是规则化公历（第二节选议方案）几月几日？

[**解**] 查表 3.5.1，A = 160，B = 17，于是规则化公历的全年日序号

$$D = 160 + 17 = 177$$

又查表 3.9.3，可知这一天应该是规则化公历的 6 月 25 日（现公历 6 月 26 日）。

逆算举例从略。

**5. 规则化年历与星期制的对应关系**

为了确定规则化年历中未来的某年某月某日是星期几，可先查表 3.3.2，再查表 3.9.1 就可得出结果。举例于表 3.9.5 中。

这样两步查找显然还嫌费事，为此，专门研制出"通用规则化百年历（世纪历）"，示于表 3.9.6 中。

表 3.9.6 编排十分简洁和规则化，一步查找就得到表 3.9.5 中的结果。

将表 3.9.6 与前面的表 3.4.1（通用百年历）做比较，可见：

①表 3.9.6 是从 21 世纪或更往后的世纪开始启用；

②平年序号栏未改变，但闰年序号栏移位了，且横向顺序倒置；

③月序号栏完全改变，排列规则化了；

④日序号栏增设第32天；

⑤"星期几"栏未改变。

**表 3.9.6　通用规则化世纪历**

**平年序号**

| | | | | | | | 世纪序号 | 24, 28, … 21, 25, … | |
|---|---|---|---|---|---|---|---|---|---|
| （00） | 05 | 10 | 09 | 03 | 02 | 01 | | 22, 26, … 23, 27, … | |
| 06 | 11 | 21 | 15 | 14 | 13 | 07 | 日序号 | | |
| 17 | 22 | 27 | 26 | 25 | 19 | 18 | 1 | 2 | 3 | 4 | 5 | 6 | 7 |
| 23 | 33 | 38 | 37 | 31 | 30 | 29 | 8 | 9 | 10 | 11 | 12 | 13 | 14 |
| 34 | 39 | 49 | 43 | 42 | 41 | 35 | 15 | 16 | 17 | 18 | 19 | 20 | 21 |
| 45 | 50 | 55 | 54 | 53 | 47 | 46 | 22 | 23 | 24 | 25 | 26 | 27 | 28 |
| 51 | 61 | 66 | 65 | 59 | 58 | 57 | 29 | 30 | 31 | 32 | — | — | — |
| 62 | 67 | 77 | 71 | 70 | 69 | 63 | 星期几 | | | | | | |
| 73 | 78 | 83 | 82 | 81 | 75 | 74 | | | | | | | |
| 79 | 89 | 94 | 93 | 87 | 86 | 85 | | | | | | | |
| 90 | 95 | — | 99 | 98 | 97 | 91 | | | | | | | |

**月序号 / 星期几**

| 月序号 (列1) | 列2 | 列3 | 列4 | 列5 | 列6 | 列7 | 星期几 1 | 2 | 3 | 4 | 5 | 6 | 7 |
|---|---|---|---|---|---|---|---|---|---|---|---|---|---|
| — | — | 2 5 8 11 | — | 3 6 9 12 | — | 1 4 7 10 | 二一 六四 | 三二 日五 | 四三 一六 | 五四 二日 | 六五 三一 | 日六 四二 | 一日 五三 |
| — | 2 5 8 11 | — | 3 6 9 12 | — | 1 4 7 10 | — | 三二 日五 | 四三 一六 | 五四 二日 | 六五 三一 | 日六 四二 | 一日 五三 | 二一 六四 |
| 2 5 8 11 | — | 3 6 9 12 | — | 1 4 7 10 | — | — | 四三 一六 | 五四 二日 | 六五 三一 | 日六 四二 | 一日 五三 | 二一 六四 | 三二 日五 |
| — | 3 6 9 12 | — | 1 4 7 10 | — | — | 2 5 8 11 | 五四 二日 | 六五 三一 | 日六 四二 | 一日 五三 | 二一 六四 | 三二 日五 | 四三 一六 |
| 3 6 9 12 | — | 1 4 7 10 | — | — | 2 5 8 11 | — | 六五 三一 | 日六 四二 | 一日 五三 | 二一 六四 | 三二 日五 | 四三 一六 | 五四 二日 |
| — | 1 4 7 10 | — | — | 2 5 8 11 | — | 3 6 9 12 | 日六 四二 | 一日 五三 | 二一 六四 | 三二 日五 | 四三 一六 | 五四 二日 | 六五 三一 |
| 1 4 7 10 | — | — | 2 5 8 11 | — | 3 6 9 12 | — | 一日 五三 | 二一 六四 | 三二 日五 | 四三 一六 | 五四 二日 | 六五 三一 | 日六 四二 |

**闰年序号**

| 12 | 00 | 16 | 04 | 20 | 08 | 24 |
|---|---|---|---|---|---|---|
| 40 | 28 | 44 | 32 | 48 | 36 | 52 |
| 68 | 56 | 72 | 60 | 76 | 64 | 80 |
| 96 | 84 | — | 88 | — | 92 | — |

说明：四个角落（左上、右上、左下、右下）的世纪序号分别与四个角落的"星期几"相对应

# 第十节 学用回历

前九节学用公历与农历，本节择要学用回历。我国的少数民族之一回民和国外的穆斯林都使用回历。

回历有太阳年历和太阴年历两种。太阳年历供农事之用，太阴年历供宗教仪式之用。

**1. 太阳年历**

回历太阳年历以春分为年首。平年每年 365 天。闰年在年末增设一闰日，每经历 128 年设闰 31 次，每年 366 天。

试做一点儿人们感兴趣的计算。

每一平年较实际观测短少

$$5 \text{ 小时 } 48 \text{ 分 } 46 \text{ 秒}$$
$$= (5 \times 3600 + 48 \times 60 + 46) \text{ 秒}$$
$$= 20926 \text{ 秒}$$

128 年共短少

$$128 \times 20926 \text{ 秒} = 2678528 \text{ 秒}$$

128 年中设 31 闰共增时

$$31 \times 24 \times 3600 \text{ 秒} = 2678400 \text{ 秒}$$

增时与短少几近相抵，看来"128 年设 31 闰"是有根源的。

太阳历的月份设置如表 3.10.1 所示。

表 3.10.1　回历太阳历月份设置

| 月序号 | 天数 | 月序号 | 天数 |
|---|---|---|---|
| 1 | 31 | 7 | 30 |
| 2 | 31 | 8 | 30 |
| 3 | 31 | 9 | 29 |
| 4 | 32 | 10 | 29 |
| 5 | 31 | 11 | 30 |
| 6 | 31 | 12 | 30, 31（闰） |

各月份的天数有多有少，多至 32 天，少至 29 天。上半年共 187 天，较多；下半年共 178 或 179 天，较少。

**2. 太阴年历**

回历太阴年历中平年每年 354 天。闰年也是在年末增设一闰日。每经历 2、3 年设一闰年，30 年共设闰 11 次（第 2，5，7，10，13，16，18，21，24，26，29 年），闰年 355 天。

粗略计算表明，据此设闰，大约经历"两个半"世纪才有一日差误。足证太阴历"30年设 11 闰，……"也是有根源的。

可见，回历太阳历和太阴历设闰都是十分精细的。

回历太阴历的月份设置如表 3.10.2 所示。

表 3.10.2　太阴历月份设置

| 月序号 | 天数 | 月序号 | 天数 |
|---|---|---|---|
| 1 | 30 | 7 | 30 |
| 2 | 29 | 8 | 29 |
| 3 | 30 | 9 | 30 |
| 4 | 29 | 10 | 29 |
| 5 | 30 | 11 | 30 |
| 6 | 29 | 12 | 29，30（闰） |

太阴历的月序与季节寒暑变化没有确定关系。随意举出某月做讨论，比如太阴五月或九月，既可能在某年的严寒季节，也可能在某年的酷暑季节。

以下表述回历太阴历与星期制的相互关系，讨论太阴历与公历对应关系的计算，还讨论太阴历与农历的对应关系。

**3. 太阴历与星期制的相互关系**

参考书\* 中列举与回历太阴历元旦相当的公历日期，现摘取跨度 400 多年（太阴历 1041～1470 年）数据列入表 3.10.3 中供研讨。

根据表 3.10.3 中的公历年、月、日，查阅表 3.4.1 可知回历太阴历各年的元旦是星期几，结果也列于表 3.10.3 中。

---

\*　马坚：《回历纲要》，上海中华书局出版，1955。

表 3.10.3　与回历太阴年元旦相应的公历年、月、日

| 回历太阴年序 | 相应的公历年 | 月 | 日 | 星期几 | 回历太阴年序 | 相应的公历年 | 月 | 日 | 星期几 | 回历太阴年序 | 相应的公历年 | 月 | 日 | 星期几 |
|---|---|---|---|---|---|---|---|---|---|---|---|---|---|---|
| ·1041 | 1631 | 7 | 30 | 三 | 1091 | ·1680 | 2 | 2 | 五 | 1141 | ·1728 | 8 | 7 | 六 |
| 1042 | ·1632 | 7 | 19 | 一 | 1092 | 1681 | 1 | 21 | 二 | ·1142 | 1729 | 7 | 27 | 三 |
| 1043 | 1633 | 7 | 8 | 五 | ·1093 | 1682 | 1 | 10 | 六 | 1143 | 1730 | 7 | 17 | 一 |
| ·1044 | 1634 | 6 | 27 | 二 | 1094 | 1682 | 12 | 31 | 四 | 1144 | 1731 | 7 | 6 | 五 |
| 1045 | 1635 | 6 | 17 | 日 | 1095 | 1683 | 12 | 20 | 一 | ·1145 | ·1732 | 6 | 24 | 二 |
| ·1046 | ·1636 | 6 | 5 | 四 | ·1096 | ·1684 | 12 | 8 | 五 | 1146 | 1733 | 6 | 14 | 日 |
| 1047 | 1637 | 5 | 26 | 二 | 1097 | 1685 | 11 | 28 | 三 | ·1147 | 1734 | 6 | 3 | 四 |
| 1048 | 1638 | 5 | 15 | 六 | ·1098 | 1686 | 11 | 17 | 日 | 1148 | 1735 | 5 | 24 | 二 |
| ·1049 | 1639 | 5 | 4 | 三 | 1099 | 1687 | 11 | 7 | 五 | ·1149 | ·1736 | 5 | 12 | 六 |
| 1050 | ·1640 | 4 | 23 | 一 | ·1100 | ·1688 | 10 | 26 | 二 | 1150 | ·1737 | 5 | 1 | 三 |
| 1051 | 1641 | 4 | 12 | 五 | ·1101 | 1689 | 10 | 15 | 六 | 1151 | 1738 | 4 | 21 | 一 |
| ·1052 | 1642 | 4 | 1 | 二 | 1102 | 1690 | 10 | 5 | 四 | 1152 | 1739 | 4 | 10 | 五 |
| 1053 | 1643 | 3 | 22 | 日 | 1103 | 1691 | 9 | 24 | 一 | ·1153 | ·1740 | 3 | 29 | 二 |
| 1054 | ·1644 | 3 | 10 | 四 | ·1104 | ·1692 | 9 | 12 | 五 | 1154 | 1741 | 3 | 19 | 日 |
| ·1055 | 1645 | 2 | 27 | 一 | 1105 | 1693 | 9 | 2 | 三 | 1155 | 1742 | 3 | 8 | 四 |
| 1056 | 1646 | 2 | 17 | 六 | ·1106 | 1694 | 8 | 22 | 日 | ·1156 | 1743 | 2 | 25 | 一 |
| ·1057 | 1647 | 2 | 6 | 三 | 1107 | 1695 | 8 | 12 | 五 | ·1157 | ·1744 | 2 | 15 | 六 |
| 1058 | ·1648 | 1 | 27 | 一 | ·1108 | ·1696 | 7 | 31 | 二 | ·1158 | 1745 | 2 | 3 | 三 |
| 1059 | 1649 | 1 | 15 | 五 | ·1109 | 1697 | 7 | 20 | 六 | 1159 | 1746 | 1 | 24 | 一 |
| ·1060 | 1650 | 1 | 4 | 二 | 1110 | 1698 | 7 | 10 | 四 | 1160 | 1747 | 1 | 13 | 五 |
| 1061 | 1650 | 12 | 25 | 日 | 1111 | 1699 | 6 | 29 | 一 | ·1161 | ·1748 | 1 | 2 | 二 |
| 1062 | 1651 | 12 | 14 | 四 | ·1112 | 1700 | 6 | 18 | 五 | 1162 | ·1748 | 12 | 22 | 日 |
| ·1063 | ·1652 | 12 | 2 | 一 | 1113 | 1701 | 6 | 8 | 三 | 1163 | 1749 | 12 | 11 | 四 |
| 1064 | 1653 | 11 | 22 | 六 | 1114 | 1702 | 5 | 28 | 日 | ·1164 | 1750 | 11 | 30 | 一 |
| 1065 | 1654 | 11 | 11 | 三 | ·1115 | 1703 | 5 | 17 | 四 | 1165 | 1751 | 11 | 20 | 六 |
| ·1066 | 1655 | 10 | 31 | 日 | 1116 | ·1704 | 5 | 6 | 二 | ·1166 | ·1752 | 11 | 8 | 三 |
| 1067 | ·1656 | 10 | 20 | 五 | ·1117 | 1705 | 4 | 25 | 六 | 1167 | 1753 | 10 | 29 | 一 |
| ·1068 | 1657 | 10 | 9 | 二 | 1118 | 1706 | 4 | 15 | 四 | 1168 | 1754 | 10 | 18 | 五 |
| 1069 | 1658 | 9 | 29 | 日 | 1119 | 1707 | 4 | 4 | 一 | ·1169 | 1755 | 10 | 7 | 二 |
| 1070 | 1659 | 9 | 18 | 四 | ·1120 | ·1708 | 3 | 23 | 五 | 1170 | ·1756 | 9 | 26 | 日 |
| ·1071 | ·1660 | 9 | 6 | 一 | 1121 | 1709 | 3 | 13 | 三 | 1171 | 1757 | 9 | 15 | 四 |
| 1072 | 1661 | 8 | 27 | 六 | 1122 | 1710 | 3 | 2 | 日 | ·1172 | 1758 | 9 | 4 | 一 |
| 1073 | 1662 | 8 | 16 | 三 | ·1123 | 1711 | 2 | 19 | 四 | 1173 | 1759 | 8 | 25 | 六 |
| ·1074 | 1663 | 8 | 5 | 日 | 1124 | ·1712 | 2 | 9 | 二 | 1174 | ·1760 | 8 | 13 | 三 |
| 1075 | ·1664 | 7 | 25 | 五 | 1125 | 1713 | 1 | 28 | 六 | ·1175 | 1761 | 8 | 2 | 日 |
| ·1076 | 1665 | 7 | 14 | 二 | ·1126 | 1714 | 1 | 17 | 三 | 1176 | 1762 | 7 | 23 | 五 |
| 1077 | 1666 | 7 | 4 | 日 | 1127 | 1715 | 1 | 7 | 一 | ·1177 | 1763 | 7 | 12 | 二 |
| 1078 | 1667 | 6 | 23 | 四 | ·1128 | 1715 | 12 | 27 | 五 | 1178 | ·1764 | 7 | 1 | 日 |
| ·1079 | ·1668 | 6 | 11 | 一 | 1129 | ·1716 | 12 | 16 | 三 | 1179 | 1765 | 6 | 20 | 四 |
| 1080 | 1669 | 6 | 1 | 六 | 1130 | 1717 | 12 | 5 | 日 | ·1180 | 1766 | 6 | 9 | 一 |
| 1081 | 1670 | 5 | 21 | 三 | ·1131 | 1718 | 11 | 24 | 四 | 1181 | 1767 | 5 | 30 | 六 |
| ·1082 | 1671 | 5 | 10 | 日 | 1132 | 1719 | 11 | 14 | 二 | 1182 | ·1768 | 5 | 18 | 三 |
| 1083 | ·1672 | 4 | 29 | 五 | ·1133 | ·1720 | 11 | 2 | 六 | ·1183 | 1769 | 5 | 7 | 日 |
| 1084 | 1673 | 4 | 18 | 二 | ·1134 | 1721 | 10 | 22 | 三 | 1184 | 1770 | 4 | 27 | 五 |
| ·1085 | 1674 | 4 | 7 | 六 | 1135 | 1722 | 10 | 12 | 一 | 1185 | 1771 | 4 | 16 | 二 |
| 1086 | 1675 | 3 | 28 | 四 | ·1136 | 1723 | 10 | 1 | 五 | ·1186 | ·1772 | 4 | 4 | 六 |
| ·1087 | ·1676 | 3 | 16 | 一 | 1137 | ·1724 | 9 | 20 | 三 | 1187 | 1773 | 3 | 25 | 四 |
| 1088 | 1677 | 3 | 6 | 六 | 1138 | 1725 | 9 | 9 | 日 | ·1188 | 1774 | 3 | 14 | 一 |
| 1089 | 1678 | 2 | 23 | 三 | ·1139 | 1726 | 8 | 29 | 四 | 1189 | 1775 | 3 | 4 | 六 |
| ·1090 | 1679 | 2 | 12 | 日 | 1140 | 1727 | 8 | 19 | 二 | 1190 | ·1776 | 2 | 21 | 三 |

| 回历太阴年序 | 年 | 月 | 日 | 星期几 | 回历太阴年序 | 年 | 月 | 日 | 星期几 | 回历太阴年序 | 年 | 月 | 日 | 星期几 |
|---|---|---|---|---|---|---|---|---|---|---|---|---|---|---|
| ·1191 | 1777 | 2 | 9 | 日 | 1241 | 1825 | 8 | 16 | 二 | 1291 | 1874 | 2 | 18 | 三 |
| 1192 | 1778 | 1 | 30 | 五 | 1242 | 1826 | 8 | 5 | 六 | ·1292 | 1875 | 2 | 7 | 日 |
| 1193 | 1779 | 1 | 19 | 二 | ·1243 | 1827 | 7 | 25 | 三 | 1293 | ·1876 | 1 | 28 | 五 |
| ·1194 | ·1780 | 1 | 8 | 六 | 1244 | ·1828 | 7 | 14 | 一 | 1294 | 1877 | 1 | 16 | 二 |
| 1195 | ·1780 | 12 | 28 | 四 | 1245 | 1829 | 7 | 3 | 五 | ·1295 | 1878 | 1 | 5 | 六 |
| ·1196 | 1781 | 12 | 17 | 一 | ·1246 | 1830 | 6 | 22 | 二 | 1296 | 1878 | 12 | 26 | 四 |
| 1197 | 1782 | 12 | 7 | 六 | 1247 | 1831 | 6 | 12 | 日 | ·1297 | 1879 | 12 | 15 | 一 |
| 1198 | 1783 | 11 | 26 | 三 | ·1248 | ·1832 | 5 | 31 | 四 | 1298 | ·1880 | 12 | 4 | 六 |
| ·1199 | ·1784 | 11 | 14 | 日 | 1249 | 1833 | 5 | 21 | 二 | 1299 | 1881 | 11 | 23 | 三 |
| 1200 | 1785 | 11 | 4 | 五 | 1250 | 1834 | 5 | 10 | 六 | ·1300 | 1882 | 11 | 12 | 日 |
| 1201 | 1786 | 10 | 24 | 二 | ·1251 | 1835 | 4 | 29 | 三 | 1301 | 1883 | 11 | 2 | 五 |
| ·1202 | 1787 | 10 | 13 | 六 | 1252 | ·1836 | 4 | 18 | 一 | ·1302 | ·1884 | 10 | 21 | 二 |
| 1203 | ·1788 | 10 | 2 | 四 | 1253 | 1837 | 4 | 7 | 五 | ·1303 | 1885 | 10 | 10 | 六 |
| 1204 | 1789 | 9 | 21 | 一 | ·1254 | 1838 | 3 | 27 | 二 | 1304 | 1886 | 9 | 30 | 四 |
| ·1205 | 1790 | 9 | 10 | 五 | 1255 | 1839 | 3 | 17 | 日 | 1305 | 1887 | 9 | 19 | 一 |
| 1206 | 1791 | 8 | 31 | 三 | ·1256 | ·1840 | 3 | 5 | 四 | ·1306 | ·1888 | 9 | 7 | 五 |
| ·1207 | ·1792 | 8 | 19 | 日 | 1257 | 1841 | 2 | 23 | 二 | 1307 | 1889 | 8 | 28 | 三 |
| 1208 | 1793 | 8 | 9 | 五 | 1258 | 1842 | 2 | 12 | 六 | ·1308 | 1890 | 8 | 17 | 日 |
| 1209 | 1794 | 7 | 29 | 二 | ·1259 | 1843 | 2 | 1 | 三 | 1309 | 1891 | 8 | 7 | 五 |
| ·1210 | 1795 | 7 | 18 | 六 | 1260 | ·1844 | 1 | 22 | 一 | 1310 | ·1892 | 7 | 26 | 二 |
| 1211 | ·1796 | 7 | 7 | 四 | 1261 | 1845 | 1 | 10 | 五 | ·1311 | 1893 | 7 | 15 | 六 |
| 1212 | 1797 | 6 | 26 | 一 | ·1262 | 1845 | 12 | 30 | 二 | 1312 | 1894 | 7 | 5 | 四 |
| ·1213 | 1798 | 6 | 15 | 五 | 1263 | 1846 | 12 | 20 | 日 | 1313 | 1895 | 6 | 24 | 一 |
| 1214 | 1799 | 6 | 5 | 三 | 1264 | 1847 | 12 | 9 | 四 | ·1314 | ·1896 | 6 | 12 | 五 |
| 1215 | 1800 | 5 | 25 | 日 | ·1265 | ·1848 | 11 | 27 | 一 | 1315 | 1897 | 6 | 2 | 三 |
| ·1216 | 1801 | 5 | 14 | 四 | 1266 | 1849 | 11 | 17 | 六 | ·1316 | 1898 | 5 | 22 | 日 |
| 1217 | 1802 | 5 | 4 | 二 | ·1267 | 1850 | 11 | 6 | 三 | 1317 | 1899 | 5 | 12 | 五 |
| ·1218 | 1803 | 4 | 23 | 六 | 1268 | 1851 | 10 | 27 | 一 | 1318 | 1900 | 5 | 1 | 二 |
| 1219 | ·1804 | 4 | 12 | 四 | ·1269 | ·1852 | 10 | 15 | 五 | ·1319 | 1901 | 4 | 20 | 六 |
| 1220 | 1805 | 4 | 1 | 一 | 1270 | 1853 | 10 | 4 | 二 | 1320 | 1902 | 4 | 10 | 四 |
| ·1221 | 1806 | 3 | 21 | 五 | 1271 | 1854 | 9 | 24 | 日 | 1321 | 1903 | 3 | 30 | 一 |
| 1222 | 1807 | 3 | 11 | 三 | 1272 | 1855 | 9 | 13 | 四 | ·1322 | ·1904 | 3 | 18 | 五 |
| 1223 | ·1808 | 2 | 28 | 日 | ·1273 | ·1856 | 9 | 1 | 一 | 1323 | 1905 | 3 | 8 | 三 |
| ·1224 | 1809 | 2 | 16 | 四 | 1274 | 1857 | 8 | 22 | 六 | 1324 | 1906 | 2 | 25 | 日 |
| 1225 | 1810 | 2 | 6 | 二 | 1275 | 1858 | 8 | 11 | 三 | ·1325 | 1907 | 2 | 14 | 四 |
| ·1226 | 1811 | 1 | 26 | 六 | ·1276 | 1859 | 7 | 31 | 日 | ·1326 | ·1908 | 2 | 4 | 二 |
| 1227 | ·1812 | 1 | 16 | 四 | 1277 | ·1860 | 7 | 20 | 五 | ·1327 | 1909 | 1 | 23 | 六 |
| 1228 | 1813 | 1 | 4 | 一 | ·1278 | 1861 | 7 | 9 | 二 | 1328 | 1910 | 1 | 13 | 四 |
| ·1229 | 1813 | 12 | 24 | 五 | 1279 | 1862 | 6 | 29 | 日 | 1329 | 1911 | 1 | 2 | 一 |
| 1230 | 1814 | 12 | 14 | 三 | 1280 | 1863 | 6 | 18 | 四 | ·1330 | 1911 | 12 | 22 | 五 |
| 1231 | 1815 | 12 | 3 | 日 | ·1281 | ·1864 | 6 | 6 | 一 | 1331 | ·1912 | 12 | 11 | 三 |
| ·1232 | ·1816 | 11 | 21 | 四 | 1282 | 1865 | 5 | 27 | 六 | 1332 | 1913 | 11 | 30 | 日 |
| 1233 | 1817 | 11 | 11 | 二 | 1283 | 1866 | 5 | 16 | 三 | ·1333 | 1914 | 11 | 19 | 四 |
| 1234 | 1818 | 10 | 31 | 六 | ·1284 | 1867 | 5 | 5 | 日 | 1334 | 1915 | 11 | 9 | 二 |
| ·1235 | 1819 | 10 | 20 | 三 | 1285 | ·1868 | 4 | 24 | 五 | ·1335 | ·1916 | 10 | 28 | 六 |
| 1236 | ·1820 | 10 | 9 | 一 | ·1286 | 1869 | 4 | 13 | 二 | ·1336 | 1917 | 10 | 17 | 三 |
| ·1237 | 1821 | 9 | 28 | 五 | 1287 | 1870 | 4 | 3 | 日 | 1337 | 1918 | 10 | 7 | 一 |
| 1238 | 1822 | 9 | 18 | 三 | 1288 | 1871 | 3 | 23 | 四 | ·1338 | 1919 | 9 | 26 | 五 |
| 1239 | 1823 | 9 | 7 | 日 | ·1289 | ·1872 | 3 | 11 | 一 | ·1339 | ·1920 | 9 | 15 | 三 |
| ·1240 | ·1824 | 8 | 26 | 四 | 1290 | 1873 | 3 | 1 | 六 | 1340 | 1921 | 9 | 4 | 日 |

| 回历太阴年序 | 相应的公历 年 | 月 | 日 | 星期几 | 回历太阴年序 | 相应的公历 年 | 月 | 日 | 星期几 | 回历太阴年序 | 相应的公历 年 | 月 | 日 | 星期日 |
|---|---|---|---|---|---|---|---|---|---|---|---|---|---|---|
| ·1341 | 1922 | 8 | 24 | 四 | 1391 | 1971 | 2 | 27 | 六 | ·1441 | 2019 | 9 | 1 | 日 |
| 1342 | 1923 | 8 | 14 | 二 | 1392 | ·1972 | 2 | 16 | 三 | 1442 | ·2020 | 8 | 20 | 四 |
| 1343 | ·1924 | 8 | 2 | 六 | ·1393 | 1973 | 2 | 4 | 日 | 1443 | 2021 | 8 | 10 | 二 |
| ·1344 | 1925 | 7 | 22 | 三 | 1394 | 1974 | 1 | 25 | 五 | ·1444 | 2022 | 7 | 30 | 六 |
| 1345 | 1926 | 7 | 12 | 一 | 1395 | 1975 | 1 | 14 | 二 | 1445 | 2023 | 7 | 19 | 三 |
| ·1346 | 1927 | 7 | 1 | 五 | ·1396 | ·1976 | 1 | 3 | 六 | ·1446 | ·2024 | 7 | 8 | 一 |
| 1347 | ·1928 | 6 | 20 | 三 | 1397 | ·1976 | 12 | 23 | 四 | 1447 | 2025 | 6 | 27 | 五 |
| 1348 | 1929 | 6 | 9 | 日 | ·1398 | 1977 | 12 | 12 | 一 | 1448 | 2026 | 6 | 17 | 三 |
| ·1349 | 1930 | 5 | 29 | 四 | 1399 | 1978 | 12 | 2 | 六 | ·1449 | 2027 | 6 | 6 | 日 |
| 1350 | 1931 | 5 | 19 | 二 | 1400 | 1979 | 11 | 21 | 三 | 1450 | ·2028 | 5 | 25 | 四 |
| 1351 | ·1932 | 5 | 7 | 六 | ·1401 | ·1980 | 11 | 9 | 日 | 1451 | 2029 | 5 | 15 | 二 |
| ·1352 | 1933 | 4 | 26 | 三 | 1402 | 1981 | 10 | 30 | 五 | ·1452 | 2030 | 5 | 4 | 六 |
| 1353 | 1934 | 4 | 16 | 一 | 1403 | 1982 | 10 | 19 | 二 | ·1453 | 2031 | 4 | 23 | 三 |
| 1354 | 1935 | 4 | 5 | 五 | ·1404 | 1983 | 10 | 8 | 六 | 1454 | ·2032 | 4 | 12 | 一 |
| ·1355 | ·1936 | 3 | 24 | 二 | 1405 | ·1984 | 9 | 27 | 四 | ·1455 | 2033 | 4 | 1 | 五 |
| 1356 | 1937 | 3 | 14 | 日 | ·1406 | 1985 | 9 | 16 | 一 | 1456 | 2034 | 3 | 21 | 二 |
| ·1357 | 1938 | 3 | 3 | 四 | 1407 | 1986 | 9 | 6 | 六 | ·1457 | 2035 | 3 | 11 | 日 |
| 1358 | 1939 | 2 | 21 | 二 | 1408 | 1987 | 8 | 26 | 三 | 1458 | ·2036 | 2 | 28 | 四 |
| 1359 | ·1940 | 2 | 10 | 六 | ·1409 | ·1988 | 8 | 14 | 日 | 1459 | 2037 | 2 | 17 | 二 |
| ·1360 | 1941 | 1 | 29 | 三 | 1410 | 1989 | 8 | 4 | 五 | ·1460 | 2038 | 2 | 6 | 六 |
| 1361 | 1942 | 1 | 19 | 一 | 1411 | 1990 | 7 | 24 | 二 | 1461 | 2039 | 1 | 26 | 三 |
| 1362 | 1943 | 1 | 8 | 五 | ·1412 | 1991 | 7 | 13 | 六 | 1462 | ·2040 | 1 | 16 | 一 |
| ·1363 | 1943 | 12 | 28 | 二 | 1413 | ·1992 | 7 | 2 | 四 | ·1463 | 2041 | 1 | 4 | 五 |
| 1364 | ·1944 | 12 | 17 | 日 | 1414 | 1993 | 6 | 21 | 一 | 1464 | 2041 | 12 | 24 | 二 |
| 1365 | 1945 | 12 | 6 | 四 | ·1415 | 1994 | 6 | 10 | 五 | 1465 | 2042 | 12 | 14 | 日 |
| ·1366 | 1946 | 11 | 25 | 一 | 1416 | 1995 | 5 | 31 | 三 | ·1466 | 2043 | 12 | 3 | 四 |
| 1367 | 1947 | 11 | 15 | 六 | ·1417 | ·1996 | 5 | 19 | 日 | 1467 | ·2044 | 11 | 22 | 二 |
| ·1368 | ·1948 | 11 | 3 | 三 | 1418 | 1997 | 5 | 9 | 五 | 1468 | 2045 | 11 | 11 | 六 |
| 1369 | 1949 | 10 | 24 | 一 | 1419 | 1998 | 4 | 28 | 二 | ·1469 | 2046 | 10 | 31 | 三 |
| 1370 | 1950 | 10 | 13 | 五 | ·1420 | 1999 | 4 | 17 | 六 | 1470 | 2047 | 10 | 21 | 一 |
| ·1371 | 1951 | 10 | 2 | 二 | 1421 | ·2000 | 4 | 6 | 四 | ... | ... | ... | ... | ... |
| 1372 | ·1952 | 9 | 21 | 日 | 1422 | 2001 | 3 | 26 | 一 |  |  |  |  |  |
| 1373 | 1953 | 9 | 10 | 四 | ·1423 | 2002 | 3 | 15 | 五 |  |  |  |  |  |
| ·1374 | 1954 | 8 | 30 | 一 | 1424 | 2003 | 3 | 5 | 三 |  |  |  |  |  |
| 1375 | 1955 | 8 | 20 | 六 | 1425 | ·2004 | 2 | 22 | 日 |  |  |  |  |  |
| ·1376 | ·1956 | 8 | 8 | 三 | ·1426 | 2005 | 2 | 10 | 四 |  |  |  |  |  |
| 1377 | 1957 | 7 | 29 | 一 | 1427 | 2006 | 1 | 31 | 二 |  |  |  |  |  |
| 1378 | 1958 | 7 | 18 | 五 | ·1428 | 2007 | 1 | 20 | 六 |  |  |  |  |  |
| ·1379 | 1959 | 7 | 7 | 二 | 1429 | ·2008 | 1 | 10 | 四 |  |  |  |  |  |
| 1380 | ·1960 | 6 | 26 | 日 | 1430 | 2008 | 12 | 29 | 一 |  |  |  |  |  |
| 1381 | 1961 | 6 | 15 | 四 | ·1431 | 2009 | 12 | 18 | 五 |  |  |  |  |  |
| ·1382 | 1962 | 6 | 4 | 一 | 1432 | 2010 | 12 | 8 | 三 |  |  |  |  |  |
| 1383 | 1963 | 5 | 25 | 六 | 1433 | 2011 | 11 | 27 | 日 |  |  |  |  |  |
| 1384 | ·1964 | 5 | 13 | 三 | ·1434 | ·2012 | 11 | 15 | 四 |  |  |  |  |  |
| ·1385 | 1965 | 5 | 2 | 日 | 1435 | 2013 | 11 | 5 | 二 |  |  |  |  |  |
| 1386 | 1966 | 4 | 22 | 五 | ·1436 | 2014 | 10 | 25 | 六 |  |  |  |  |  |
| ·1387 | 1967 | 4 | 11 | 二 | 1437 | 2015 | 10 | 15 | 四 |  |  |  |  |  |
| 1388 | ·1968 | 3 | 31 | 日 | ·1438 | ·2016 | 10 | 3 | 一 |  |  |  |  |  |
| 1389 | 1969 | 3 | 20 | 四 | ·1439 | 2017 | 9 | 22 | 五 |  |  |  |  |  |
| ·1390 | 1970 | 3 | 9 | 一 | 1440 | 2018 | 9 | 12 | 三 |  |  |  |  |  |

注：序号前带黑点表示闰年。

在回历中，星期制称为"七曜"。星期制与七曜此二者的对应关系见表 3.10.4 中。

表 3.10.4 星期制与七曜对应关系

| 星期几 | 日 | 一 | 二 | 三 | 四 | 五 | 六 |
|---|---|---|---|---|---|---|---|
| 曜日 | 日 | 月 | 火 | 水 | 木 | 金 | 土 |

表 3.10.3 中的星期几数据是循环出现的，"周期"是 210（ = 7 × 30）年。注意 7 为每一星期的天数，30（天）为设闰的"周期"。

建议将表 3.10.3 与表 3.1.1 对比做思考。

现举出小例如次：

（1）太阳历 1241 年元旦是星期二（火曜），1451（ = 1241 + 210）年元旦也是星期二（火曜）。

（2）太阴历 1260（ = 1470 - 210）元旦是星期一（月曜），1470 元旦也是星期一（月曜）。

（3）太阴历 1463 元旦是星期五（金曜），1043（ = 1463 - 2 × 210）年元旦应该也是星期五（金曜）。

**4. 太阴历中的年、月、日与星期制的对应关系**

参仿表 3.6.1（农历年、月、日与星期制的对应关系），将太阴历中的某年、某月、某日与星期制的对应关系列于表 3.10.5 中，查读是十分方便的。

例如回历太阴年 1347 年 7 月 6 日就是星期三（水曜）。

表 3.10.5 中的数据排列似不规则，但这"不规则"之中可发现出一定的规则。

①年序号栏中每一竖行展现各不相同的 30 年，其中 11 个闰年。

②竖行中相邻年序的间隔为 8 年（22 次）、5 年（5 次）、3 年（3 次），间隔之和为 210 年。

**5. 根据回历太阴年序计算相当的公历年序（以及月、日）**

参照以上各小节数据，计算出回历太阴年一年的平均天数与公历一年的平均天数之比

$$\frac{太阴一年天数（平均）}{公历一年天数（平均）} = 0.970224$$

再将月、日的时间长度折算为年的时间长度，比如 622 年 7 月 19 日（太阴历首日）折算为 622.5476 年。于是可建立关系式：

$$公历年序（以及月、日）= 0.970224 × （回历太阴年序 - 1）+ 622.5476$$

此式可简化为

$$公历年历（以及月、日）= 0.970224 × 太阴年序 + 621.5774$$

还可以如图 3.10.1 所表示。

表 3.10.5　太阴历中（某年、月、日）与星期制的对应关系

| 回历太阴元旦是星期几？ | 五 | 一 | 三 | 六 | 二 | 四 | 日 | | | | | | | |
|---|---|---|---|---|---|---|---|---|---|---|---|---|---|---|
| 回历太阴历年序号 | 1253 | 1252 | 1251闰 | 1250 | 1249 | 1248闰 | 1247 | 回历太阴历某年（±210年）某月、某日是星期几？（自回历太阴历元年元旦，即公历622年7月19日起） | | | | | | |
| | 1261 | 1260 | 1259闰 | 1258 | 1254闰 | 1256闰 | 1255 | | | | | | | |
| | 1269 | 1265闰 | 1267闰 | 1266 | 1257 | 1264 | 1263 | | | | | | | |
| | 1277 | 1268 | 1275 | 1274 | 1262闰 | 1272 | 1271 | | | | | | | |
| | 1285 | 1273闰 | 1283 | 1282 | 1270闰 | 1280 | 1276闰 | | | | | | | |
| | 1293 | 1281闰 | 1291 | 1290 | 1278闰 | 1288 | 1279 | | | | | | | |
| | 1301 | 1289闰 | 1299 | 1295闰 | 1286闰 | 1296 | 1284闰 | | | | | | | |
| | 1306闰 | 1297闰 | 1307 | 1298 | 1294 | 1304 | 1287 | | | | | | | |
| | 1309 | 1305 | 1315 | 1303闰 | 1302 | 1312 | 1292闰 | | | | | | | |
| | 1314闰 | 1313 | 1323 | 1311闰 | 1310 | 1320 | 1300闰 | | | | | | | |
| | 1317 | 1321 | 1331 | 1319闰 | 1318 | 1325闰 | 1308闰 | | | | | | | |
| | 1322闰 | 1329 | 1336闰 | 1327闰 | 1326 | 1328 | 1316闰 | | | | | | | |
| | 1330闰 | 1337 | 1339 | 1335 | 1334 | 1333闰 | 1324 | | | | | | | |
| | 1338闰 | 1345 | 1344闰 | 1343 | 1342 | 1341闰 | 1332 | | | | | | | |
| | 1346闰 | 1353 | 1347 | 1351 | 1350 | 1349闰 | 1340 | | | | | | | |
| | 1354 | 1361 | 1352闰 | 1359 | 1355闰 | 1357闰 | 1348 | | | | | | | |
| | 1362 | 1366闰 | 1360闰 | 1367 | 1358 | 1365 | 1356 | | | | | | | |
| | 1370 | 1369 | 1368闰 | 1375 | 1363闰 | 1373 | 1364 | | | | | | | |
| | 1378 | 1374闰 | 1376闰 | 1383 | 1371闰 | 1381 | 1372 | | | | | | | |
| | 1386 | 1377 | 1384 | 1391 | 1379闰 | 1389 | 1380 | | | | | | | |
| | 1394 | 1382闰 | 1392 | 1396闰 | 1387闰 | 1397 | 1385闰 | 1 | 2 | 3 | 4 | 5 | 6 | 7 |
| | 1402 | 1390闰 | 1400 | 1399 | 1395 | 1405 | 1388 | 8 | 9 | 10 | 11 | 12 | 13 | 14 |
| | 1410 | 1398闰 | 1408 | 1404闰 | 1403 | 1413 | 1393闰 | | | | | | | 回历太阴历日序号 |
| | 1415闰 | 1406闰 | 1416 | 1407 | 1411 | 1421 | 1401闰 | 15 | 16 | 17 | 18 | 19 | 20 | 21 |
| | 1418 | 1414 | 1424 | 1412闰 | 1419 | 1426闰 | 1409闰 | | | | | | | |
| | 1423闰 | 1422 | 1432 | 1420闰 | 1427 | 1429 | 1417闰 | 22 | 23 | 24 | 25 | 26 | 27 | 28 |
| | 1431闰 | 1430 | 1440 | 1428闰 | 1435 | 1434闰 | 1425 | | | | | | | |
| | 1439闰 | 1438 | 1445闰 | 1436闰 | 1443 | 1437 | 1433 | 29 | 30 | — | — | — | — | — |
| | 1447闰 | 1446 | 1448 | 1444 | 1451 | 1442闰 | 1441 | | | | | | | |
| | 1455 | 1454 | 1453闰 | 1452 | 1456闰 | 1450闰 | 1449 | | | | | | | |
| 回历太阴历月序号 | 3，12 | 1，10 | 4，9 | 2，7 | 5 | 8 | 6，11 | 一 | 二 | 三 | 四 | 五 | 六 | 日 |
| | 8 | 6，11 | 5 | 3，12 | 1，10 | 4，9 | 2，7 | 二 | 三 | 四 | 五 | 六 | 日 | 一 |
| | 4，9 | 2，7 | 1，10 | 8 | 6，11 | 5 | 3，12 | 三 | 四 | 五 | 六 | 日 | 一 | 二 |
| | 5 | 3，12 | 6，11 | 4，9 | 2，7 | 1，10 | 8 | 四 | 五 | 六 | 日 | 一 | 二 | 三 |
| | 1，10 | 8 | 2，7 | 5 | 3，12 | 6，11 | 4，9 | 五 | 六 | 日 | 一 | 二 | 三 | 四 |
| | 6，11 | 4，9 | 3，12 | 1，10 | 8 | 2，7 | 5 | 六 | 日 | 一 | 二 | 三 | 四 | 五 |
| | 2，7 | 5 | 8 | 6，11 | 4，9 | 3，12 | 1，10 | 日 | 一 | 二 | 三 | 四 | 五 | 六 |

星期几？

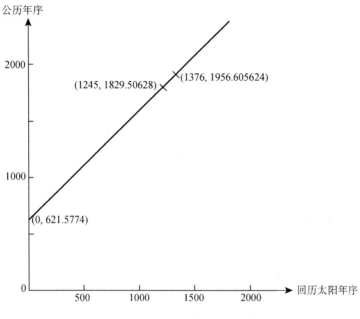

图 3.10.1　回历太阴年序与公历年序的关系

**例 3.10.1**　试求解回历太阴 1376 年的元旦是公历何年、何月、何日？

[**解**]
$$0.970224 \times 1376 + 621.5774 = 1956.605624$$

公历 1956 年是闰年，全年共 366 天。

$$0.605624 \times 366 = 221.568384$$

查表 3.5.2，这一天（约）为 8 月 8 日。

作为校核，查表 3.4.1，1956 年 8 月 8 日是星期三；查表 3.10.3，回历太阴 1376 年元旦也是星期三。可确认这一天就是公历 1956 年 8 月 8 日。

**例 3.10.2**　求回历太阴 1245 年元旦是公历何年、何月、何日？

[**解**]
$$0.970224 \times 1245 + 621.5774 = 1829.50628$$

公历 1829 年是平年，全年共 365 天。

$$0.50628 \times 365 = 184.7922$$

查表 3.5.2，这一天（约）为 7 月 3 日。

作为校核,查表 3.4.1、表 3.10.3、表 3.10.5,这一天(或 1245 + 210 = 1455) 都是星期五。于是确认这一天就是公历 1829 年 7 月 3 日。

校核是十分必要的,否则可能出现一天的误差。

**6. 回历太阴历日期与农历日期的对应关系**

根据给定的回历太阴历元旦,可能确定相应的公历年、月、日(表 3.10.3)。又根据这公历年、月、日,可在图 3.8.1 中找出相应的近似的农历月、日,或者使用第五节中的公式计算出农历月、日,可发现此日期约为初二、初三,很少情形为初四。

由于回历太阴历每月的平均天数与农历每月的平均天数是十分相近的,故回历太阴历的月首一般总是与农历每月(平月或闰月)的初二、初三接近或重合。

从回历太阴历元旦推算相应的农历日期的明细过程见表 3.10.6。

表 3.10.6 从回历太阴历元旦推算相应的农历日期

| 序号 | 回历太阴年序 | 与回历太阴年相当的公历年、月、日 | 星期几? | 第五节中公式 | | | 自公历推算的农历日期 |
| --- | --- | --- | --- | --- | --- | --- | --- |
| | | | | C | A | B = C − A | |
| 1 | 1324 | 1906.2.25 | 日 | 56 | 53 | 3 | 丙午(马年)二月初三 |
| 2 | 1364 | 1944(闰).12.17 | 日 | 352 | 349 | 3 | 甲申(猴年)十一月初三 |
| 3 | 1377 | 1957.7.29 | 一 | 210 | 207 | 3 | 丁酉(鸡年)七月初三 |
| 4 | 1379(闰) | 1959.7.7 | 二 | 188 | 186 | 2 | 己亥(猪年)六月初二 |
| 5 | 1386 | 1966.4.22 | 五 | 112 | 110 | 2 | 丙午(马年)闰三月初二 |
| 6 | 1400 | 1979.11.21 | 三 | 325 | 323 | 2 | 己未(羊年)十月初二 |
| 7 | 1405 | 1984(闰).9.27 | 四 | 271 | 268 | 3 | 甲子(鼠年)九月初三 |
| 8 | 1443 | 2021.8.10 | 二 | 222 | 219 | 3 | 辛丑(牛年)七月初三 |

# 主要符号表

## 第一章

### 第一节

$X_l$、$P$、$X_r$——左端、中间铰和右端处桥面荷载的合力

$R_l$、$R_m$、$R_r$——左侧、中间和右侧支座的反力

$l_l$、$l_r$——左侧和右侧跨长

$a_l$、$a_m$、$a_r$——示如图 1.1.2 中

### 第二节

$R_s$——旁边支座反力

$P$——荷载

$h$——长度单位

$f$——力的单位

### 第三节

$A$、$B$、$C$、…——桁架结点

$AE$——拉伸刚度

### 第四节

$u$——变位

$x$——集中力作用点的坐标

$\zeta$——变位产生点的坐标

$IL$——影响线

$Q$——剪力

$Y$——杆件内力的竖向分量

$S$——杆件内力

$X$——杆件内力的水平分量

$M$——结点弯矩

$n$——节间数目

$x$、$y$——固定点距支座处的长度

### 第五节

$i$——结点序号

$x$、$z$——横坐标和纵坐标

$u$、$w$——水平和竖向变位

$n$——杆段数目

$\zeta$——杆段轴线的转动（角变位）

$\varepsilon$——轴向应变

$l$——杆长

$e$——杆的伸长

$\Delta x$、$\Delta z$——横坐标之差、纵坐标之差

$\phi$——有关的长度与相应的小变形的乘积之和

第六节

$\Delta h$——变位单位

$s$——杆件数目

$p$——结点数目

第七节

$d$——偏转变位

$O$——原点

$OQ$——标示伸长

$QR$——标点偏转变位

第十节

$\{P\}$ ——荷载向量

$\{f\}$ ——杆件内力向量

$[\alpha]$ ——几何矩阵

$\{e\}$ ——变形（伸长）向量

$[\beta]$ ——对角线刚度矩阵

$[s]$ ——结点变位向量

$[\gamma]$ ——几何相容矩阵

$\{s^*\}$ ——结点变位的解答

$\{f^*\}$ ——杆件内力的解答

$$k = \frac{AE}{l}$$

第十一节

$p$——斜交框架的结点数目

$s$——斜交框架的杆件数目

$r$——斜交框架的支点（边界结点）数目

$\{Q\}_p$——结点角变位（转动）向量

$\{\zeta\}_s$——杆件轴线的角变位向量

$\{Q\}_s$——杆端剪力向量

$[R]$、$[S]$ ——挠曲刚度矩阵

$[D]$ ——综合挠曲刚度矩阵

$[L]$ ——轴向力向量

$[\delta]$、$[\mu]$、$[\sigma]$ ——几何矩阵

$\{F\}$ ——结点荷载向量

$[\beta]$、$[b]$——几何矩阵

$q$——杆轴角变位的独立几何变量

$\{d_b\}$——边界位移向量

$[I]$——支点沉陷矩阵

$[G]$——几何结束矩阵

$\{q^*\}$——独立几何变量的解答

$\zeta^*$——见式（1.11.10a）

## 第二章

### 第一节

$F_z$——截面变化规律

$z$——顺梁轴的坐标

$h$——梁长

$G$——剪切模量

$g$——重力和速度

$k$——剪切梁的截面系数

$\rho$——材料容重

$\alpha = \dfrac{F_0}{F_h}$，式（2.1.5）

$\omega$——自振频率

$u$——振动位移

$J_0$、$Y_0$——第一和第二类0阶贝塞尔函数

$J_1$、$Y_1$——第一和第二类1阶贝塞尔函数

### 第二节

$k$——刚度系数

$m_i$——集中质量

$l_i$——各悬吊段的长

$\bar{u}$——振型位移

$s = \dfrac{mg}{c}$

$\theta$——悬吊刚体的转角

$J$——刚体绕质心的转动惯量

$h_0 = c$

$J_3 = mc^2$

$\bar{u}$、$\bar{v}$——水平向和竖向振型位移

$\eta$——振型参与因数

$r$——振型序号

$W$——集中重量

$l$——各链段的长度

**第三节**

$\delta$——振动方程（2.3.1）之解

$\mu$——阻尼系数

$\delta_{\mathrm{g}}$——基底运动位移

$t$——时间

$v(t) = \dot{\delta}(t)$——相对速度

$a(t) = \ddot{\delta}(t) + \ddot{\delta}_{\mathrm{g}}(t)$ ——绝对加速度

$\Delta = \Delta(\omega, \mu)$、$V = V(\omega, \mu)$、$A(\omega, \mu)$ ——位移反应谱、速度反应谱、加速度反应谱

$\alpha(t)$ ——见式（2.3.2）和式（2.3.3）

$\Delta(p)$ ——Laplace 变换，$p$ 对应于 $t$

$\theta(p) = p^2 + 2\mu p + \omega^2$，见式（2.3.7）

$\omega'$——阻尼自振频率，$\omega'^2 = \omega^2 - \mu^2$

$\varepsilon = \dfrac{\mu}{\omega}$——阻尼比

$z = \omega'(t_2 - t_1)$

$\bar{\delta} = \omega'^2 \delta$

$\bar{v} = \omega' v$

$C$、$D$、$E$、$F$——$\varepsilon$ 和 $z$ 的函数，见式（2.3.15）

$G$、$H$、$I$、$J$——$\varepsilon$ 和 $z$ 的函数，见式（2.3.18）

$\Phi = DG - CH$，见式（2.3.21）

$\Psi = H + C$，见式（2.3.21）

$K$、$L$、$M$、$N$——因反应的类别不同（$\delta$、$v$、$a = \ddot{\delta} + \alpha$）而不同

**第四节**

$\zeta$——杆段轴线的转动

$U_{\mathrm{Bu}}$——$x$ 方向地面运动时，$B$ 点沿 $x$ 方向的位移反应

$W_{\mathrm{Bw}}$——$z$ 方向地面运动时，$B$ 点沿 $z$ 方向的位移反应

$U_{\mathrm{Bw}}$——$z$ 方向地面运动时，$B$ 点沿 $x$ 方向的位移反应

$W_{\mathrm{Bu}}$——$x$ 方向地面运动时，$B$ 点沿 $z$ 方向的位移反应

$F$——积函数，是振型参与因数与振型位移的乘积，$F_{\max}$ 通常取正值

**第五节**

$T_1\ (=\tau)$ ——基本自振周期

$\omega_1\ (=p)$ ——基本自振频率

$Q$——伸臂结构的地震剪力

$A(\omega)$ ——设计反应谱

$m$——集中质量

$i$、$j$——序号

$W$——结构重量

$$\overline{m} = \frac{mg}{W}$$

$M$——伸臂结构的地震弯矩

$$\Delta h_{ij} = h_j - h_i$$

$$\Delta \overline{h}_{ij} = \frac{\Delta h_{ij}}{H}$$

$H$——伸臂结构全高

$e$——截面 $i$—（$i+1$）以上质量与结构总质量之比

$\Phi^{(1)}$——主极值

$\Phi^{(2)}$——次极值

$k$——平移刚度

$\Phi^* = \Phi^{(1)} - \Phi^{(2)}$（拟静解）

$$\lambda = \frac{\omega^2 W}{kg} \quad [式（2.5.8）]$$

$J_1$——截面 $i$ 以上重量关于该截面的一次矩

$$b_1 = \frac{J_1}{WH}$$

$J_2$——截面 $i$ 以上重量关于该截面的二次矩

$$b_2 = \frac{J_2}{WH^2}$$

$$\Psi^{(1)} = \frac{\sqrt{b_2} + b_1}{2}, \ 主极值$$

$$\Psi^{(2)} = \frac{\sqrt{b^2} - b_1}{2}, \ 次极值$$

$b_2 kH^2$——转动刚度

$$\theta = \frac{u_n - u_i}{\Delta h_{in}}$$

$\Psi^* = \Psi^{(1)} - \Psi^{(2)}$（拟静解）

$$T_2 = \sqrt{\frac{次极值}{主极值}} \cdot T_1$$

对于地震剪力，$k$ 取值

$$k = \frac{4\pi^2 W(1 + \sqrt{e})}{\tau^2 g} = \frac{p^2 W(1 + \sqrt{e})}{g}$$

对于地震弯矩，$k$ 取值

$$k = \frac{4\pi^2 W}{\tau^2 g} \cdot \frac{b_2 - b_1^2}{b_2 - b_1\sqrt{b_2}} = \frac{p^2 W}{g} \cdot \frac{b_2 - b_1^2}{b_2 - b_1\sqrt{b_2}}$$

第六节

$m$——拱腰集中质量

$em$——拱顶集中质量

$l$——拱段的长

$l_0$——全长（$l_0 = 4l$）

$h_0$——拱高（$h_0 = 4h$）

$a$——长高比（$a = \dfrac{l}{h}$）

$\alpha = \sqrt{a^2 - 9}$

$\beta = \sqrt{a^2 - 1}$

$L$——跨度 $\left[ L = 2(\alpha + \beta) \right] h$

$EI$——截面挠曲刚度

$C$——系数

$B$——挠曲刚度除以拱高所得的商，量纲同弯矩

$r$——拟静位移差与拱长的比值

第七节

$\theta_g(t)$ ——摇摆地面运动记录

$\xi_r$——振型参与因数

$m_r$——等效质量

$m^*$——等效质量之和

$X_r(i)$ ——标准化振型

$r$——振型序号

$i$——质点序号

# 结　束　语

如所周知，结构力学求解为工程设计提供重要数值依据。

不应忽视，结构力学求解也为研习者奉献丰盛的高雅乐趣。

结构力学是十分有用的。

结构力学也是十分有趣的。

第一、二章内容是著者的历年部分研究成果，并添加近年的部分研究收获。

\*　　　　　　\*　　　　　　\*

为了安排家庭生活进程，为了制订公务工作计划，为了探究历史事件形成背景，…，人们必须查阅日历、年历，甚至世纪历。

年历不得不年年购置，不胜其烦。世纪历篇幅庞大，不便于个人保存。一本篇幅不大，但实用信息足够多的历法小册——《学用年历》，既可供学习，也可供使用，相信公众是需求的。

第三章第一至第九节的大部分内容是《学用年历》2012修订版的摘要（公历和农历），第十节内容是新增的简要回历。

# 参 考 资 料

**1. 学者意见**

（1）钱令希:《结构力学非常解法》的序的摘要：

"传统的结构力学教材，大同小异，有一定之轨，教材内容可以越来越多，但都是为寻常应试教育服务的；而对改革、开放、创新服务少，给学有余力者独立思考的空间更少"。

"后来有了电子计算机，结构力学确实从计算困难中走了出来。但是依靠现成的程序软件，学生独立思考的空间却更少了；同时，应对千变万化的实际所需要的基本理论和概念可能也模糊了。"

（2）刘恢先:（讲话摘要）房屋抗震设计的准则应当是"大震不倒，中震可修，小震无损或基本无损"。

（3）George Housner：（书评）

EERI Newsletter, April 1998  Volume 32, Number 4

**Book Review**

## In the Tradition of Great Epic Poetry — "An Earthquake Engineering Poem"

A book recently published in China titled "An Earthquake Engineering Poem" appears to be in the tradition of great epic poetry.

The author, Qian-Xin Wang, is Professor Emeritus at the Institute of Engineering Mechanics in Harbin.  The 110-page poem is in an ancient Chinese poetic form in which each line contains four phrases and each phrase contains three symbols (words).  Explanatory text and illustrative figures are interspersed in the poem.

The poem covers essentials of earthquake engineering beginning with engineering seismology: frequency of occurrence of earthquakes, P and S waves, epicenter location, isoseismal mapping, and recording of ground motions.  A recording of the east-west component of the 1966 Parkfield earthquake is used to show acceleration, velocity, and displacement.  The poem then continues by describing the elements of structural dynamics: lumped mass models, mode shapes, response spectra, design spectra, and hysteresis.

The book was published by the China Press in 1997.  If you are interested in obtaining a copy, write directly to the author: Prof. Qian-Xin Wang, Institute of Engineering Mechanics, 9 Xuefu Road, Harbin 150080, China.

*submitted by George Housner*
（世界地震工程之父）

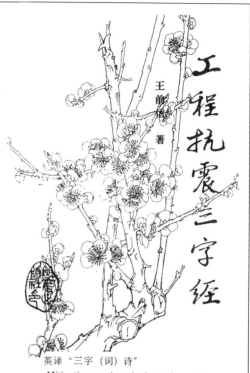

王前信 著

工程抗震三字经

英译 "三字（词）诗"

*Mitigating earthquake hazards*
*Requires some computations*
*Elementary to advanced type*
*At multiple grades and levels.*
*Static methods require*
*Only elementary computations*
*Suitable for rigid buildings*
*Simple calculations only.*

**2. 专著**

（1）王前信、王孝信著：《工程结构地震力理论》（Dynamics of seismic effects on structures），地震出版社，1979。

（2）王前信、卢书辉著：《悬吊体系的地震力》，地震出版社，1981。

（3）王前信著：《工程抗震三字经》，地震出版社，1997。

（4）王前信著：《工程结构上界地震力理论及其应用》，地震出版社，2000。

（5）王前信著：《工程结构非常规抗震计算方法》，地震出版社，2002。

（6）王前信著：《结构力学非常解法》，地震出版社，2004。

（7）王前信著：《结构力学求解中之若干谋略》，地震出版社，2007。

（8）王沙漫、王前信编著：《学用年历》，地震出版社，第一版，2010；修订版，2012。

**3. 代表性论文**

（1）Wang Qian Xin, Zhang Yan Hong："Seismic Margin Identfication of Engineering Structures"，*ASME-PVP*，Minneapolis，USA，1994.　（94a）

（2）Wang Qian Xin, Hong Feng："Analysis of Seismic Responses of Displacements of A 9-Span Offshore Pipeline Bridge"，*ASME-PVP*，Denver，USA，1993.　（93a）

（3）Wang Qian Xin, Liu Chun Guang："Seismic Loads on Structures with Unidentified Rigidity Distribution"，*SMiRT*-11 *Transaction*，Vol. K，pp. 237-242，Tokyo，Japan，1991.　（91a）

（4）Wang Qian Xin, Wang Luo Jia："Upper Bound Estimation of Seismic Responses of Reservoir"，*ASME-PVP*，Vol. 191，**Flow-Structure Vibration and Sloshing**-1990，pp. 155-166，Nashville，USA，1990.　（90a）

（5）Wang Qian Xin, Liu Chun Guang："Seismic Loads on Supporting Frames of Gas Pipelines"，*ASME-PVP*，Vol. 187，**System Interaction with Linear and Nonlinear Characteristics**，pp. 35–46，Nashville，USA，1990. （90b）

（6）Wang Qian Xin, Zhou Jian："Rotational Rigid-Body Modes and Seismic Responses of Imperfect Structural System"，*ASME-PVP*，Vol. 155，**Application of Modal Analysis Techniques to Seismic and Dynamic Loadings**，pp. 7–14，Honolulu，USA，1989.　（89a）

（7）Wang Qian Xin："On Distortion of Hydrodynamic Pressure Responses Caused from That of Ground Motion Record"，*ASME-PVP*，Vol. 157，**Sloshing and Fluid Structure Vibration** 1989，pp. 197–201，Honolulu，

USA. 1989　（89b）

（8）Wang Qian Xin："Adjustment of Distortion of Structural Response Caused from That of Ground Motion Record", *ASME-PVP*, Vol. 150, **Application of Modal Analysis to Extreme Loads**, pp. 37 – 40, Pittsburgh, USA, 1988.　（88a）

（9）Wang Qian Xin："Estimate of Upper Bound Structural Seismic Responses under Unknown Rigidity Distribution", *ASME-PVP*, Vol. 144, **Seismic Engineering**-1988, pp. 31 – 37, Pittsburgh, USA, 1988.　（88b）

（10）Wang Qian Xin, Liu Yi Wei："Structure (NPP) Response to Single/ Multiple Support Rotational Excitations", *SMiRT-9 Transaction*, Vol. K, pp. 423-430. Lausanne, Switzerland, 1987　（87a）

（11）Wang Qian Xin, Wang Xiao Xin, Liu YiWei："An Approximate Approach to Calculate Earthquake Responses of Reservoirs", *ASME-PVP*, vol. 127, **Seismic Engineering-Recent Advances in Design, Analysis, Testing and Qualification Methods**, pp. 371-378. San Diego, USA. 1987 （87b）

（12）Wang Qian Xin, Liu Yi Wei：A Unique Method to Calculate Response Spectra, *ASME-PVP*, Vol. 127, **Seismic Engineering-Recent Advances in Design, Analysis, Tasting and Qualification Methods**, pp. 191-198, San Diego, USA, 1987　（87c）

（13）Wang Qian Xin："Studies of Seismic Evaluation of Some Lifelines". *ASCE (Lifeline Earthquake Engineering)*, **Seismic Evaluation of Lifeline Systems**, pp. 60-73, Boston, USA, 1986.　（86a）

（14）Wang Qian Xin, Lu Ming, Liu YiWei："A Study on Fluid-Vessel Interaction during Earthquake", *ASME-PVP*, Vol. 98 – 7, **Fluid-Structure Dynamics**, pp. 45 – 54, New Orleans, USA, 1985.　（85a）

（15）Wang Qian Xin："Piping Responses to Multi-Support and Multi-Direction Excitations". *SMiRT – 8 Transaction*, **Vol. K, pp**. 217 – 222, **Brussels, Belgium**, 1985.　（85b）

（16）Wang Qian Xin, Liu Yi Wei, Lu Ming："Influence Matrix of Hydrodyuamic Pressure of Arch Dam", *ASCE-EMD*, Wyoming, USA, 1984.　（84a）

（17）Wang Qian Xin, Lu ShuHui："Seismic Loads on Suspended System". 7*th WCEE*, Istanbul, Turkey. 1980.　（80a）

……